Innovationskultur: Vom Leidensdruck zur Leidenschaft

Zukunft neu denken

Innovationsmanagement als Erfolgsprinzip

Jürgen Jaworski ist Geschäftsführer und Direktor Industrie- und Transportmärkte der 3M Deutschland, des größten Geschäftsbereiches von 3M. Während seiner 37 Jahre bei dem amerikanischen Multitechnologiekonzern hat er in verschiedenen nationalen und internationalen Führungspositionen die Innovationskultur von 3M aktiv mitgestaltet.

Dr. Frank Zurlino ist geschäftsführender Partner der internationalen Unternehmer-Beratung Droege & Comp. Seit über 15 Jahren betreut er Technologieunternehmen in Wachstums- und Effizienzprogrammen. Bei Droege & Comp. führt er die globalen Competence Center »Management von Innovationen« und »Supply Chain Management«.

Jürgen Jaworski, Frank Zurlino

Innovationskultur: Vom Leidensdruck zur Leidenschaft

Wie Top-Unternehmen ihre Organisation mobilisieren

Campus Verlag
Frankfurt/New York

Die Sonderedition *Zukunft neu denken* ist eine Gemeinschaftsaktion des Campus Verlags und der Handelsblatt GmbH.

Bibliografische Information der Deutschen Nationalbibliothek:
Die Deutsche Nationalbibliothek verzeichnet diese Publikation in der Deutschen Nationalbibliografie. Detaillierte bibliografische Daten sind im Internet unter http://dnb.d-nb.de abrufbar.
ISBN 978-3-593-39084-0
ISBN 978-3-593-39087-1 (Gesamtedition)

Limitierte Sonderausgabe 2009

Umschlaggestaltung: ZAMCOM GmbH, Köln
Satz: Fotosatz L. Huhn, Linsengericht
Druck und Bindung: CPI – Ebner & Spiegel, Ulm
Gedruckt auf säurefreiem und chlorfrei gebleichtem Papier.
Printed in Germany

Besuchen Sie uns im Internet: www.campus.de

Inhalt

Vorwort

Spät abends. Der Wachmann dreht seine Runde auf dem Unternehmensgelände. In vielen Büros brennt noch Licht. Wie jeden Abend. Mitarbeiter verschiedener Bereiche, Marketing-Experten, Entwickler, Produktionsleute, Vertriebler, sitzen und stehen um einen Tisch. Sie arbeiten an einem neuen Produkt, das das Unternehmen ganz nach vorne bringen kann. Zugeschaltet sind Kollegen aus Fernost, man hört sich konzentriert zu. Die Zeit drängt, der Einsatz ist enorm, aber das Innovations-Team ist zuversichtlich, dass die gemeinsam entwickelte Produktidee auch wirklich funktionieren kann.

Eine fiktive Szene, für manche Unternehmen etwas Normales, für viele ein Wunschtraum. Eine Szene, die in aller Verkürzung das verbildlichen soll, was eine gute Innovationskultur ausmacht: Ein gemeinsames Ziel, hohe Kreativität, außergewöhnliches Engagement, Grenzenlosigkeit, echtes Teamplay, große Leidenschaft für das Neue und Leidenschaft zur Umsetzung.

Diese Eigenschaften sichern die Zukunft von Unternehmen – vielleicht sogar ganz alleine: Erfolgreiche Produkte und Strategien werden immer schneller kopiert, Geschäftsprozesse weltweit standardisiert. Das Geschäftssystem von Unternehmen, deren Mechanik, wird zunehmend austauschbar.

Das Einzige, was nicht kopierbar ist und gleichzeitig den Nährboden für immer wieder neue erfolgreiche Produkte, Services und Geschäftsmodelle darstellt, ist die Innovationskultur eines Unternehmens. Und sie ist auch ein ganz wichtiger Differenzierungsfaktor im Kampf um die besten Köpfe. Eine anerkannte Innovationskultur ist der stärkste Magnet, wenn es darum geht, die echten Talente und High Potentials zu gewinnen und zu halten.

Eine starke Innovationskultur ist aber nicht nur in der Gegenwart entscheidend. Es zeichnet sich bereits deutlich ab, dass die Art und Weise des Miteinanderarbeitens sich zukünftig beschleunigt verändert: Der Trend geht klar in Richtung einer von festen Büros unabhängigen Zusammenarbeit. Teams arbeiten – unterstützt durch Informations- und Kommunikationstechnologien – zeitlich und räumlich hoch flexibel. Die Büros als Plattform des sozialen Unternehmensgefüges verlieren an Bedeutung. Die Qualität der Innovationskultur wird darüber entscheiden, inwieweit solche Arbeitsformen zielgerichtet und produktiv sein werden und nicht in einem großen Durcheinander enden.

Wenn wir von Innovationskultur sprechen, steht der Mensch im Mittelpunkt, und weniger die Mechanik des Innovierens. Innovationskultur ist ungleich Innovationsmanagement. Daher vermeiden wir Autoren ganz bewusst den Begriff Best Practice. Stattdessen geben wir Einblicke. Intime Einsichten von Managern erfolgreicher Unternehmen, die die Bedeutung einer leistungsfähigen Innovationskultur erkannt und ganz verschiedene Erfahrungen bei deren Entwicklung gemacht haben.

Innovationskultur ist daher nicht nur ein Mythos, der einige Unternehmen mit hohem »Innovationsimage« umweht. Erfolgreiche Unternehmen sehen Innovationskultur als etwas Gestaltbares, etwas Entwickelbares an.

Eine gute Innovationskultur kann man ausschalten wie das Licht, man denke nur an harte Sanierungen, an schwere Post-Merger-Integrationen, an dauerhaft risikoaverse und zögerliche Entscheidungsfindungen sowie auch schlicht an unterkritische Budgets. Innovationskultur lässt sich aber so schnell nicht wieder einschalten. Jeder, der es versucht hat, wird das bestätigen. Man braucht einen langen Atem. Und sicherlich gibt es kein Standardrezept für die beste und erfolgreichste Vorgehensweise. Wir sind gleichwohl der Auffassung, dass es eine Reihe »Gebote« gibt, die für sich zusammengenommen eine Agenda für eine neue Qualität der Innovationskultur im Unternehmen formen.

Liest man die Überschriften der Hauptkapitel dieses Buches hintereinander, wird eine gesamthafte Programmatik sichtbar, die wir den Innovationsverantwortlichen, den Managern und sonstigen Gestaltern von Unternehmen und Organisationen anbieten wollen. Das ist ein neuer Weg.

Das Buch will dabei nicht nur eine allgemeine Agenda zur Erneuerung und Verbesserung der Innovationskultur aufzeigen. Es will darüber hinaus auch konkrete Ansätze zur Umsetzung darstellen, die sich in Unternehmen bewährt haben. Eines ist jedoch recht klar: Die Umsetzung lediglich einzelner »Bausteine«, beispielsweise der berühmten *»15-Prozent-Regel«, Customer Centric Innovation, Ideenplattformen, Raumkonzepte* oder *Awards*, bewirkt kaum etwas, wenn nicht die Voraussetzungen und das Gesamtbild stimmen, unter denen sie sich entfalten können. Unter diesem Aspekt möchten wir den Unternehmen mit diesem Buch auch eine Projektionsfläche anbieten, ihre eigene Situation zu spiegeln wie auch ein Gesamtverständnis von Treibern, Bedingungen und Wirkungen im Kontext von Innovationskultur zu entwickeln.

Es geht hier nicht nur um die »schönen Dinge« wie Kreativität, Ideen, Kommunikation, Netzwerke, Incentivierungen, Freiräume für Neues, um einige Stichworte zu nennen. Das Gegenteil von Freiräumen sind Beschränkungen. Das heißt, wer die Innovationskultur im Unternehmen fördern will, muss auch an den Fesseln, den Barrieren, den Kreativitäts- und Umsetzungshemmern im Unternehmen arbeiten.

Apple, 3M, Microsoft, Procter & Gamble oder Google: Wenn es um die Suche nach »Innovationsweltmeistern« geht, werden diese Namen schnell genannt. Nur ist nicht jedes Unternehmen so groß, sitzt wie Google im Silicon Valley und hat ein Durchschnittsalter der Mitarbeiter von 29 Jahren. Ansätze müssen passen. Welche Schwerpunkte ein interessierter Innovationsverantwortlicher nach der Lektüre des Buches setzen will, hängt bei dieser Thematik somit immer von der Konstellation des einzelnen Unternehmens ab: Ist es ein Großkonzern oder ein Mittelständler, schwimmt es seit Jahren auf einer Erfolgswelle oder hat es gerade eine harte Restrukturierung hinter sich, ist es ein diskretes Familienunternehmen oder ist es börsennotiert – das und vieles mehr sind wichtige Faktoren, die man berücksichtigen muss, wenn man Erfolgsansätze anderer anwenden und in das Gefüge einer gewachsenen Kultur einpassen will.

Wir sind der Auffassung, dass es sich für Unternehmen vielfach auszahlen wird, sich mehr mit dem Weg »vom Leidensdruck zur Leidenschaft«, zu beschäftigen, wenn die eigene Innovationskraft gesteigert und dauerhaft geschützt werden soll. Also mit der Herausbildung einer Innovationskultur, die eine Entfesselung schöpferischer Kräfte fördert.

Wir danken allen 22 Unternehmen und den vielen Managern, die durch ihre offen gespiegelten Erfahrungen und Einsichten das Fundament für dieses Buch gelegt haben. Viele dieser am Ende des Buches einzeln vorgestellten Unternehmen und deren Repräsentanten haben sich zur unternehmensübergreifenden Initiative »Cultivating Innovation« zusammengeschlossen, die das Thema Innovationskultur in den Mittelpunkt des gemeinsamen branchenübergreifenden Austausches stellt. Daher gebührt unser Dank auch Stephan Rahn von der 3M Deutschland, der dieser Initiative vorsteht.

Schließlich gilt unser Dank Dr. Rainer Linnemann und dem ganzen Team des Campus Verlages für die ausgezeichnete Begleitung und Unterstützung bei der Erstellung dieses Werkes.

Neuss und Düsseldorf, im Oktober 2006

Jürgen Jaworski und Dr. Frank Zurlino

Das Zeitalter der Innovationskultur bricht gerade an

Das Wettbewerbskarussell dreht sich schneller

Der tägliche Kampf der Unternehmen um weiteres Wachstum und höheres Ergebnis wird zunehmend härter. Jede Führungskraft spürt es in ihren Verhandlungen mit Kunden und Lieferanten. Sie spürt es in hart umkämpften Margen und in der Gewinn- und Verlustrechnung. Die Räder drehen sich von Jahr zu Jahr schneller. Die Anforderungen der Kunden werden immer anspruchsvoller. Und deren Geduld, ihre Loyalität zum Geschäftspartner, nimmt ab. Das Unternehmen, das heute nicht richtig aufgestellt ist und nicht permanent nach Verbesserungen sucht, ist morgen nicht mehr im Spiel.

Namen wie Grundig, AEG, Standard Elektrik Lorenz und Hoechst klingen noch heute nach. Von den 300 führenden börsennotierten Unternehmen des Jahres 1996 sind 10 Jahre später 64 Prozent nicht mehr auf dieser Liste. Und von den Fortune-500-Unternehmen aus dem Jahr 1970 sind heute nicht einmal mehr 190 im Markt.

Die Liste der Unternehmen, die den Wandel nicht geschafft haben oder wegen der sich ständig verschlechternden Wettbewerbsposition die Aufgabe ihrer Identität und das Zusammengehen mit Wettbewerbern wählen mussten, wird täglich fortgeschrieben.

Die Gründe für den gestiegenen und weiter steigenden Wettbewerb liegen auf der Hand. Sie sind Teil des marktwirtschaftlichen Selbstverständnisses: So hat die Liberalisierung der Märkte zu scharfem Wettbewerb geführt. Wo früher Platzhirsche über Jahrzehnte ohne große Anstrengungen Traummargen einfahren konnten, lauert der Wettbewerb heute eine Straße weiter. Nicht nur Staatsmonopole bei Post, Telekommunikation, Energieversorgung und Transport wurden und werden dem rauen Wind des Wettbewerbs bezüglich neuer und besserer Produkte, besserem Service und besseren Kostenstrukturen ausgesetzt. Konsumentensouveränität ist die Speerspitze der Marktwirtschaft, die alle Produzenten zu neuen Höchstleistungen zwingt.

Und das alles in einem weiter zunehmenden Zeitwettbewerb. In einer Zeit, in der Wissen über das Internet in Sekunden transferiert werden kann, in einer Welt, in der Dienstleistungen und Waren in Stunden von einer Erdhalbkugel zur anderen gebracht werden können, gelten andere Regeln, als es früher üblich war. »Speed matters« – Tempo entscheidet.

Die internationale Vernetzung über den Welthandel tut ein übriges. Nationale Besonderheiten können schon lange nicht mehr als Begründung herhalten, Wettbewerb außen vor zu lassen und die eigenen Pfründe unangetastet. Was in der Europäischen Union mit dem Gerichtsurteil des »Cassis de Dijon« in die Bücher einging, ist zunehmend weltweit zu beobachten. Freiheit der Warenströme und der Dienstleistungen sind Treiber eines heute und zukünftig gnadenlos globalisierten Wettbewerbs.

Waren ausländische Märkte früher willkommen als Absatzmärkte für die qualitativ hochwertigen Produkte »Made in Germany«, so schlägt das Pendel schon längst zurück. Begriffe wie »Softwarehaus für die Welt« für Indien und »Werkbank für die Welt« für das Lohnkostenwunderland China sind Zeichen einer unwiederbringlich verschobenen globalen Produktionsstruktur. Das ehemalige regionale Gütesiegel »Made in« wird abgelöst durch das »Made by«, dem Qualitätsausdruck global agierender Unternehmen. Und wenn wir uns die Aufholjagd dieser Regionen bei Technologie und Bildung ansehen, wird deutlich, dass in naher Zukunft auch ein gewaltiger Innovationsdruck von hier ausgehen wird. Verschärfungen im Schutz geistigen Eigentums sind wünschenswert, realistischerweise werden sie die Aufholjagd aber nur etwas verlangsamen können. Die höhere Industriedynamik ist nicht überraschend gekommen. Aber sie hat viele Unternehmen überrascht. Und das ist vielleicht das eigentlich Überraschende daran.

In den letzten Jahren stand auf der Agenda der Unternehmen ganz oben, die Kostenkorsette schlank zu hungern, damit die Wettbewerbsfähigkeit wieder einigermaßen hergestellt war. Zu dem systematischen

Aufsuchen von Einsparpotenzialen in den eigenen Produktionsprozessen kam die Neudefinition der Beziehung zu den Lieferanten. Auch hier wurde viel Boden wieder gutgemacht. Outsourcing von Nebenleistungen war und ist ebenso eine Option, die Kosten in den Griff zu bekommen, wie die Verringerung komplexitätstreibender Produkttypen.

Eine Welle der Kostensenkungen um des Überlebens willen scheint aktuell vorbei zu sein. Sie konnten auch nur eine taktische Maßnahme sein, um die Wettbewerbsfähigkeit wieder herzustellen. Wer die Kosten im Griff hat, hat nur die Basis dafür geschaffen, im Rennen um die zukünftigen Kunden wieder teilnehmen zu dürfen. Die Leistungsfähigkeit, die Kunden für Produkte und Dienstleistungen begeistert, speist sich aus einer anderen Quelle: der Innovationsfähigkeit.

Innovieren: Selbstverständlich – aber anders

Wir stehen immer kurz vor der Commodity-Falle

Innovation ist die Triebfeder, der Motor, ja das Blut des Unternehmens. Neue Produkte sind der Wachstumstreiber Nummer eins. Unternehmen sind zur Innovation verdammt. So weit hinlänglich bekannt.

Die Strategie für eine prosperierende Zukunft der einzelnen Unternehmen im Besonderen wie der Volkswirtschaft im Allgemeinen ist es, in den Bereichen innovativer Produkte und Dienstleistungen die Nase vorn zu haben. Kostenmanagement ist Pflicht, Innovation ist Kür, diese Erkenntnis ist die Erfolgsformel für die Zukunft, wie unsere Studie und viele weitere Analysen ergeben haben. Die Steigerung der Innovationskraft genießt im Top-Management allerhöchste Priorität.

Es hängt von der Branche ab, wie sehr ein Unternehmen gezwungen ist, rasch und in schnellem Takt mit innovativen Produkten und Dienstleistungen an den Markt zu kommen. Was die Forderung nach »mehr Innovation« in Zahlen heißt, belegen vor allem Unternehmen, die eng in den Endkundenmärkten, also im Konsumentenmarkt, agieren. Bei 3M beispielsweise ist es das erklärte Ziel, 40 Prozent der Umsätze mit Produkten zu generieren, die weniger als vier Jahre am Markt sind. Bei rund 52000 Produkten aus über 35 Technologien ist dies eine ständige Herausforderung. Dazu kommen pro Jahr rund 100 neue Produkte dazu. Das heißt, die Basis für die 40-Prozent-Regel steigt von Jahr zu Jahr. Viele Unternehmen haben ähnliche Zielsetzungen.

Und das alles vor dem Hintergrund des großen Risikos, dass sich die Anstrengungen nicht voll auszahlen werden: Studien beispielsweise aus der Konsumgüterindustrie zeigen, dass nur ein kleiner Prozentsatz aller Innovationsideen in einem Unternehmen später einmal als erfolgreiche Innovation im Markt platziert werden kann: Aus 2000 Ideen entstehen rund 400 Projekte. Aus diesen wiederum werden rund 200 Produktideen konzipiert. 150 davon werden aus unterschiedlichsten Gründen nicht weiterverfolgt und nur 50 Produkte erleben die Markteinführung. Und auch hier ist die Selektion gnadenlos. Von den 50 Markteinführungen fallen rund 40 beim Kunden durch. Nur 10 Produkte werden vom Markt angenommen und können als erfolgreiche Innovation gezählt werden. Im Allgemeinen: Aus 2000 Ideen werden im Durchschnitt nur 10 bis 40 erfolgreiche Innovationen. Andere Untersuchungen sind in ihren Ergebnissen etwas milder, die Aussage bleibt aber grundsätzlich die gleiche.

Eine hohe Forschungs-und-Entwicklungsquote drückt den Fleiß aus, sagt aber noch nichts über den Erfolg des Unternehmens. Wichtiger ist es, eine hohe Neuproduktrate mit »echten« Innovationen aufzuweisen.

> »Unsere breiten Analysen im Konzern haben klar ergeben, dass die Geschäftsbereiche, die massiv innovieren, signifikant höhere Erträge – und diese auch nachhaltig – erwirtschaften.«
> *Siemens*

Das bestätigt auch die von BCG veröffentlichte Analyse der weltweiten Top-25-Innovatoren: Wer wie Apple, 3M, Microsoft, General Electric, Google, Procter & Gamble oder Toyota hoch innovativ ist und die Kunden begeistert, spielt auch in puncto Geschäftserfolg und in den Kapitalmärkten ganz vorne mit.

Eine aktive Kommunikation der Innovationskraft wird damit zu einem wichtigen Faktor: Anteilseigner und Analysten bewerten die zukünftige Entwicklung von Wachstum und Ergebnis zunehmend an der Qualität der Innovations-Pipeline im Sinne eines »Blicks in die Zukunft«.

Und es müssen nicht immer nur neue Produkte sein. Das Neue findet sich oft auch in der Art und Weise des Miteinander-Wirtschaftens wieder, sei es eine neue Supply Chain oder ein neues Vertriebskonzept.

Ganz klar: Der messbare Unternehmenserfolg, der sich in entsprechenden Zahlen in der Bilanz und der Gewinn- und Verlustrechnung niederschlägt, ist das Ziel. Und damit erübrigen sich auch theoretische Feingliederungen, was denn nun das Wesen von Innovationen sei. Erfindungen beweisen sich im Patentamt – Innovationen am Markt. Für Unternehmenslenker und Manager gehört der Markterfolg untrennbar zur Innovation hinzu. Eine neue technische Variante oder eine neuartige Dienstleistung, die zwar viel Entwicklungsarbeit und Schweiß gekostet hat, aber vor oder bei Markteinführung floppt, ist ein »nice try«, aber keine Innovation. Ein Flop ist beispielsweise ein Produkt im Übrigen nicht nur, wenn sich zu wenig Käufer finden oder die Durchdringung des Marktes zu langsam geht. Ein Flop ist es auch, wenn der Mehrwert sich nicht in einem höheren Preis und damit nicht in einer – zumindest kurzfristigen – »Mehr-Rendite« niederschlägt.

Dementsprechend bildet sich auch die Rangfolge der Ziele heraus, die sich CEOs gemäß unserer Studie für ihre Innovationsinitiativen gesetzt haben.

Dabei haben sich zwei als besonders wichtig herauskristallisiert: So wollen sie die Neuproduktrate mit »echtem« neuem Kundennutzen erhöhen. 88 Prozent der Befragten geben diesem Punkt die Top-Priorität. Und die Manager wollen dies auch mit Geschwindigkeit verknüpft wissen. Mit 83 Prozent Zustimmung liegt dieser Punkt »schneller werden« fast gleichauf. Mehr Kundennutzen schneller an den Markt bringen, so lautet die Devise für Innovationsoffensiven und damit für den langfristigen Unternehmenserfolg.

Innovieren wird komplexer

Die nachhaltige Erfolgsstrategie ist die der kontinuierlichen Bereitstellung von Produkten und Dienstleistungen, die den Mehrwert für den Kunden, den neuen Kundennutzen, als einzigen Maßstab kennen. Nur

Innovationsziele

CEOs: „Diese Ziele verfolgen wir mit unseren Innovationsinitiativen (Top-2-Prioritäten)"

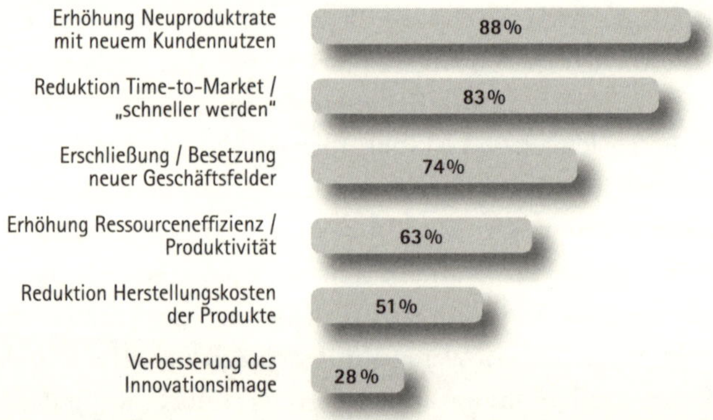

„Agenda 2007": Befragung von 274 Top-Führungskräften; Industrie / deutschsprachiger Raum; Quelle: Droege & Comp.

der Kunde ist wichtig. Das alles ist einfach gesagt, aber tatsächlich wird es immer komplexer, das auch in die Tat umzusetzen. Wir sehen aus der Betrachtung der letzten Jahre eine ganze Reihe von Veränderungen, die erfolgreiches Innovieren signifikant anders, teilweise aber auch erkennbar schwerer machen.

(1) Time-to-Market entscheidet. Eine Aussage, die vielen sicherlich wie ein alter Bekannter vorkommt. Die aber sicherlich auch weiterhin Gültigkeit hat. Der Schnellste erreicht die höchsten Margen. Wenn wir uns die Durchlaufzeiten in verschiedenen Industriesektoren im Vergleich der letzten zehn Jahre ansehen, erkennen wir die rasante Beschleunigung der Time-to-Market. Die Geschwindigkeit, mit neuen Produkten am Markt zu sein, ist dabei die eine Seite.

Die andere Dimension ist die Geschwindigkeit des Preisverfalls auch neuer Produkte. Was heute noch als echte Neuerung mit »Pioniergewinnen« honoriert wird, ist morgen Commodity. Aus der IT-Industrie und der Unterhaltungselektronik schon länger bekannt, erhöht sich diese Preisabwärtsgeschwindigkeit aktuell in nahezu jeder Industrie, von Automotivezulieferern über Konsumgüter bis hin zu High Tech. Konnte früher der Preisverfall durch Produktivitätsgewinne in der Lernkurve teilweise wieder aufgefangen werden, haben viele Unternehmen diese Luft zum Atmen nicht mehr.

(2) Wissen rast in Echtzeit um die Welt, Substitutionen kommen schneller. Zu schnell werden gute Ideen von Wettbewerbern aufgegriffen und aggressiv multipliziert. Beispiele hierfür gibt es genug, vom staubfilterlosen Staubsauger bis zu Telekommunikationsgeräten und Netzen. Das heißt, dass der Schutz vor schnellem Nachahmen im Zuge des globalen und zunehmend asiatischen Wettbewerbs geringer wird. Globale »Copy Cats« finden sich nicht nur bei Konsumgütern, sondern in steigendem Umfang auch bei Technologiegütern und Software. Das »intellectual property« ist durch Ausschöpfen von Rechtsmitteln kaum noch zu schützen.

Es müssen aber nicht immer nur reine, oft einfachere, Kopien sein, die den »Return-on-Innovation« schmälern. Die sicherlich größere Herausforderung liegt in technologischen Substitutionen, die eine bestehende Technologie nahezu vollständig substituieren können. Der Ersatz der Vinyl-Schallplatte durch die CD und wiederum deren Ersatz durch mp3 ist ein klassisches Beispiel, aber auch die Bedrohung der Festnetz-Telefonie durch das Internet ist eine treffende Illustration solcher »disruptiven« Entwicklungen aus unserer aktuellen Alltagswelt.

Vergleicht man die Herkunft dieser Innovationen, wird deutlich, dass sie häufig gerade nicht von Großunternehmen »mit Macht« in die Märkte gedrückt werden. Zu groß ist oft die Furcht vor der Kannibalisierung des Bestehenden. Echte Innovationen kommen oft auf leisen Sohlen daher. Andrew S. Grove, ehemaliger Top-Manager von Intel, nennt das »Only the Paranoid survive«. Seine Kernaussage lautet: Es kann jederzeit ein Riesenumbruch im Markt kommen, eine neue Technologie, ein neues Produktionsverfahren, ein völlig verändertes Kundenverhalten. Aufgabe des Top-Managements ist es, jeden Tag und fast neurotisch, nach Anzeichen solcher beginnenden Umbrüche zu schauen.

(3) Innovationen werden kundenspezifischer. In der industriellen »Business-to-Business«-Welt zeichnet sich klar ab, dass der erforderliche Produkt- oder Leistungsmehrwert für den Kunden fast nur noch in enger

Zusammenarbeit, erzeugt werden kann. So wie die Automobilindustrie seit Jahren ihren Kunden ganz spezifische Varianten anbietet, erwarten auch industrielle Kunden heute auf sie zugeschnittene Lösungen. Die Begriffe »Customer Centric Innovation« oder »Customizing« bringen diese Entwicklung deutlich auf den Punkt.

(4) Nicht nur Produkte, auch Geschäftsmodelle müssen erneuert werden. Getrieben von der Anforderung, den Kunden einen echten Mehrwert zu liefern, besteht das Neue heute häufig aus einem ganzen Kranz an Produkten und Leistungen, die dann zu einer kundenspezifischen Lösung zusammengeschnürt werden. Im Maschinenbau oder der Medizintechnik beispielsweise hat sich das alte Paket »Gerät plus Wartung« heute zu einem ganzen Bündel frei konfigurierbarer Leistungen, bestehend aus Planung, Finanzierung, Life-Cycle-Management, Rücknahme und auch Betrieb der Anlage erweitert. Integration heißt das Motto, das diese Tendenz zusammenfasst, die sich auch im iPod von Apple zeigt. Damit hat sich Apple von einem Computerhersteller zu einem integrierten Entertainment-Anbieter entwickelt. Die Belohnung am Kapitalmarkt hierfür: Anfang 2004 haben Sie für eine Apple-Computer-Aktie rund 10 Euro bezahlen müssen. Nach dem Innovationsschub mit dem iPod waren es bislang in der Spitze 70 Euro, die für einen Apple-Anteilsschein verlangt und bezahlt wurden.

(5) Innovationen entspringen immer weniger einem unternehmensspezifischen Vorgang, in dem das Unternehmen vornehmlich eigene Ideen entwickelt und kontrolliert zur Marktreife bringt. Wir bewegen uns zunehmend im Modell der »Open Innovation«, in dem vielfältige Bezugsgruppen – Kunden, Lieferanten, Wertschöpfungspartner – systematisch eingebunden werden müssen. Solche Entwicklungen lassen sich in zahlreichen Branchen finden. Ihnen ist gemeinsam, dass sie auf neuen Kooperationsformen zwischen Unternehmen basieren. Damit verschiebt sich die Rolle der Partner: Systemintegratoren haben den Kundenkontakt und tragen die Qualitätsverantwortung, Zulieferer stellen die erforderlichen Produkte und Leistungen bereit.

Geschäftsmodellinnovationen bedeuten jedoch nicht immer ein Mehr an Aufgaben. Es gibt auch den anderen Weg: Klassisch ist das Erfolgsrezept von IKEA, das die Montage der Möbel auf den Kunden verlagert.

Der Kundenmehrwert liegt in solchen Fällen bekanntermaßen auf der Kostenseite.

Insgesamt muss Geschäftsmodellinnovationen bei der Frage, was Innovation ist und wie die Innovationskraft gestärkt werden kann, eine größere Beachtung eingeräumt werden. In klarer Positionierung formuliert es SAP so:

»Zukünftiger Erfolg ist im Wesentlichen abhängig davon, wie Geschäfte gemacht werden, und weniger womit. Geschäftsmodellinnovationen verdrängen Produktinnovationen. Und das ist der Weckruf für die High-Tech-Industrie«. *SAP*

(6) Innovationen werden risikobehafteter. Steigende technische Anforderungen, Zeit- und häufig auch Budgetknappheiten und viele Kooperationspartner bergen die Gefahr, dass die Produkte häufig als »grüne Bananen« in den Markt gehen. Im Automobilsektor beispielsweise macht sich das in einer weiter steigenden Anzahl von Rückrufen, Faktor 4 in den letzten 13 Jahren, bemerkbar. Das bedeutet teure Nacharbeit und Gewährleistung, aber auch potenzielle Image-Schäden.

(7) Innovation spielt sich nur noch im globalen Kontext ab. Die Aussage ist auf den ersten Blick vielleicht nicht neu. Sie entfaltet ihre volle Bedeutung aber dann, wenn man sich die Konsequenz für das innovierende Unternehmen vorstellt: Weltweit verstreute Kunden und Lieferanten, regionenspezifische Anforderungsprofile an Produkte und Leistungen, verschiedene rechtliche Rahmenbedingungen, weltweite Gewährleistungsanforderungen und weltweit verstreutes Wissen. Diese wenigen Beispiele zeigen, welchen Spagat Unternehmen, Mitarbeiter und auch die gemeinsam verbindende Innovationskultur leisten müssen, um zu bestehen.

(8) Der Kampf um echte Talente nimmt zu. Dieser Faktor ist uns besonders wichtig, weil wir hiermit den Träger aller Verbesserung und Erneuerung in den Mittelpunkt stellen: den Mitarbeiter, das Team. Fasst man die beschriebenen Anforderungen an innovierende Unternehmen zusammen, wird deutlich, welch enormes technisches, wirtschaftliches, soziales und interkulturelles Kompetenzprofil die Leistungsträger aufweisen müssen. Und andersherum: Welche Anstrengungen Unternehmen leisten müssen, um derartige Talente zu finden und zu halten. Auch

wenn die »Nachwuchssorgen« bereits seit längerem bekannt sind, gehen wir jedoch davon aus, dass wir – man sehe sich nur das hohe Abgängerdefizit Deutschlands im OECD-Vergleich oder den »Ingenieursausstoß« Chinas an – auf Sicht noch mit Qualifikationsengpässen leben müssen.

Klassisches Innovationsmanagement reicht nicht mehr

Die Fragestellung, wie die Innovationsleistung von Unternehmen gestärkt werden kann, wird seit nahezu 40 Jahren von Praxis und Wissenschaft bearbeitet. Klassisches Innovationsmanagement als Disziplin hat u.a. eine Vielzahl leistungsfähiger Methoden, Hilfsmittel und Instrumente hervorgebracht. Man denke nur an das Spektrum an Früherkennungsmethoden, Forschungs- und Entwicklungsportfolios, Innovations-Roadmaps, Innovation-Scorecards usw. Und sie hat eine Reihe von Studien hervorgebracht, welche Faktoren denn nun letztlich für den Erfolg oder Misserfolg von Innovationen eine besondere Rolle spielen. Die meisten praktisch oder empirisch gewonnenen Erkenntnisse sind heute integraler Bestandteil betrieblichen Handelns. Wenn es somit Unternehmen an einem nicht mangelt, sind es Handbücher, Prozess- oder Verfahrensanweisungen oder *Innovation-Toolboxes*. Wenn es Unternehmenslenkern heute darum geht, im Rahmen der soeben beschriebenen Trends innovativer zu sein, schneller und besser zu sein, sind diese Punkte nicht das Problem. Das liegt, wie unsere Studie zeigt, auf einer anderen Ebene: Der Innovationskultur.

Damit rangiert das Thema Innovationskultur weit vor der reinen Verbesserung von Innovationsprozessen und -strukturen. Dingen also, die in den meisten Unternehmen bereits in dicken Handbüchern beschrieben sind, meist auch gar nicht so schlecht. Nur sie werden nicht »gelebt«. Und damit verpuffen diese gut gemeinten Ansätze.

Es ist somit an der Zeit, dieses Innovationspotenzial in den Unternehmen freizulegen. Es ist an der Zeit, das Wesen von Innovationskultur zu erfassen und die Parameter zu beschreiben, die Innovationskultur in jedem Unternehmen – und je nach Unternehmenssituation – verbessern können. Es ist an der Zeit, aus dem Leidensdruck der globalen Heraus-

forderungen – und manchmal auch unzureichender Innovationskulturen – die Leidenschaft für innovative Spitzenleistungen zu schmieden.

Innovationskultur: Der ungehobene Schatz

Innovationen und Innovationsfähigkeit können nicht »von oben« verordnet werden. Das wird jeder bestätigen, der einmal versucht hat, einem Unternehmen nach einer harten, kostengetriebenen Restrukturierungsphase einen »Innovation-Spirit« einzuhauchen. Echte Innovationskraft »kommt von unten«. Die Begeisterungsfähigkeit vieler Mitarbeiter in Großunternehmen wie in mittelständischen Betrieben, die Leidenschaft, das Engagement und die Glaubwürdigkeit der mittleren und oberen Führungsebenen in den Unternehmen sind die Grundlagen für Erfolg mit und durch Innovationen.

Damit wird ganz klar: Innovation ist nicht eine Sache, die nur Forschung & Entwicklung angeht. Innovation ist das Grundverständnis des Unternehmens. Und das geht jede Abteilung an.

Dieser Blick der Dinge verändert die Perspektive. Er richtet sich auf den Ursprung einer jeder Leistung: Das unbedingte Streben nach konstruktiver und produktiver Veränderung setzt eine Geisteshaltung voraus, deren Grundlagen bewusst und dauerhaft gelegt werden müssen.

»Innovation braucht einen fruchtbaren Boden. Innovation kann nicht einfach als technokratischer Prozess geplant werden. Da muss auch der Boden bereitet werden. Innovationskultur ist die Bereitung dieses Bodens: also die Art der Entscheidungsprozesse, die Auswahl der Mitarbeiter, Spielräume, Freiräume der Mitarbeiter. Das spielt alles eine große Rolle.« *ALTANA*

Die Mobilisierung einer so pragmatisch verstandenen Innovationskultur ist es, die den Rahmen für zukünftige Erfolge aufspannt. Dieser Betrachtungsweise mögen viele gut geführte und innovative Unternehmen schon lange folgen – teils sicherlich auch unbewusst und ohne dies explizit erkannt und definiert zu haben. Aber die Durchschlagskraft wird höher, wenn versucht wird, sich Innovationskultur näher anzuschauen und zu begreifen, welchen Stellenwert sie innerhalb des Themenfeldes Innovation hat.

In Wissenschaft und betrieblicher Praxis wird Innovationskultur oft nur als Appendix neben anderen Themen des Innovationsmanagements gestreift. So, als wäre sie ein außerhalb der genannten Themen liegender Aspekt. Das trifft unseres Erachtens nicht den Kern der Sache. Wir sind der Überzeugung, dass Innovationskultur als eine unternehmensspezifische Grundeinstellung zu sehen ist, die alle Aspekte des Unternehmens durchstrahlt und es auf Innovation ausrichtet. Somit ist es eine der vornehmsten Aufgaben eines Unternehmenslenkers, eine Leistungskultur für permanente Erneuerung zu erzeugen und zu verankern.

Innovationskultur: »Mehr Kreativität mit besserer Umsetzung«

Aber was genau ist eine Innovationskultur? Ist es doch schon schwierig genug, allgemein akzeptierte Definitionen für den Begriff Innovation zu finden. Geschweige denn, dass eine gemeinsame Definition für Kultur zu finden wäre. So wundert es nicht, dass die Abgrenzung des Begriffes Innovationskultur von einer gewissen Unschärfe begleitet ist. Eine Unschärfe, die aber nicht den Blick auf Wesentliches versperren sollte:

»Innovationskultur ist die Tatsache, dass man Keimlingen die Chance gibt, dass sie sich entwickeln können. Mitarbeiter, die Ideen haben, müssen gefördert werden. Und zwar nicht nur über irgendein innerbetriebliches Vorschlagwesen. Im eigenen Geschäftsbereich muss ein Klima herrschen, dass klar macht, dass Innovationen einfach gewünscht sind. Wir bei Motorola sagen: Gib einer kleinen neuen Idee Zeit und ein kleines Budget. Dann schauen wir hinterher, ob das Sinn gemacht hat.«
Motorola

Bereits aus dieser Perspektive heraus wird deutlich, dass die Herausbildung einer guten Innovationskultur eine aktive Aufgabe des Managements ist. Das Management setzt den Rahmen dafür, dass sich die Kreativität der Mitarbeiter entfalten kann, sei es durch Mitarbeiterförderung oder durch die Bereitstellung von »Extra-Ressourcen«.

»Ein guter Ingenieur, der seine Ideen zur Marktreife bringen will, bringt eine enorme Energie mit. Und diese Energie muss man unterstützen. Als Unternehmen müssen wir ihm die Spielwiese geben, wo er seine Ideen ausprobieren und realisieren kann. So glauben wir, dass wir die Leistungskultur für eine permanente Erneuerung am besten stimulieren.« *Miele*

Der Mensch ist von Natur aus neugierig und strebt danach, Dinge zu verändern. Das ist eine starke, natürliche Antriebskraft, die Unternehmen nutzen können. Das Bild der kindlichen »Spielwiese« bedeutet, diesem Tatendrang möglichst freien Lauf zu lassen und ihn – was hoch arbeitsteilige, obrigkeitsgeführte Organisationen gerne tun – nicht zu unterdrücken.

»Eine gute Innovationskultur ist dann gegeben, wenn ein Mitarbeiter mit einer Idee kommt und alle anderen erst einmal sagen: O.K., das ist eine gute Idee. Lasst uns alle mal nachdenken, was man daraus machen kann. Oder dass ein Mitarbeiter überhaupt erst einmal auf die Idee kommt, neue Ideen auf den Tisch zu werfen. Und für diese Idee dann aktiv im Unternehmen einen Sparring-Partner sucht. Es ist wichtig, dass diese Mitarbeiter in der Frühphase ihrer Ideenfindung nicht mit den üblichen Totschlagargumenten konfrontiert werden, nach dem Motto: Ach, das haben wir doch schon dreimal probiert. Eine gute Innovationskultur fördert Ideen und sorgt dafür, dass Ideen offen aufgenommen werden.« *Qiagen*

Offenheit der Kommunikation und Offenheit der Organisation für Neues: Das sind die wesentlichen ergänzenden Extrakte aus der Sicht von Qiagen. Das sind auch die Erfolgsmerkmale, die oft mittelständischen Unternehmen und Start-ups zugeschrieben werden, und die andersherum mit einem Hereinwachsen in Konzerngröße schnell vermisst werden.

»Eine gute Innovationskultur herrscht, wenn das Management ein Arbeitsumfeld generiert, in dem Mitarbeiter produktive Reibung leben können. In dem die Mitarbeiter den Mut finden, auch für Ideen zu kämpfen, die auf den ersten Blick nicht praxisrelevant erscheinen. Diesen Mut muss man fördern und zulassen. Mitarbeiter sollten für ihre Ideen eintreten können, ohne dabei von Anfang an aufgrund irgendwelcher Vorbehalte oder negativer Umgebungsbedingungen das Gefühl zu haben, dass sie nicht gehört werden.« *AIR LIQUIDE*

Hier finden sich weitere interessante Wesensmerkmale einer guten Innovationskultur: Eigeninitiative und Überzeugung. Beneidenswerte Innovationskulturen basieren auf Mitarbeitern, die das Unternehmen aktiv nach vorne treiben wollen, die eine eigene Meinung haben, die bei ihren Adressaten Überzeugungsarbeit leisten und damit ein Stück weit dem Idealbild des »Unternehmers im Unternehmen« nahe kommen.

»Wir sehen das ganz einfach: Es geht uns darum, eine Organisation zu haben, die es in den Vordergrund stellt, permanent an Neuheiten zu arbeiten, und die das auch konsequent und schnell umsetzen kann. Das zeigt auch den Typus an Mitarbeitern, den wir bei uns haben wollen.« *Frosta*

Dieses Zitat stellt nochmals die herausragende Bedeutung des »Menschen im Mittelpunkt« in den Fokus der Frage, wie eine gute Innovationskultur geformt werden kann.

Alle aufgeführten Zitate mögen stellvertretend stehen für eine Reihe von Antworten, die wir in unseren Untersuchungen bekommen haben. Aus managementorientierter Perspektive stehen für uns damit zwei wesentliche Eigenschaften im Vordergrund: die Eigenschaft, das Ideenpotenzial aller Mitarbeiter eines Unternehmens freizusetzen sowie die Eigenschaft, diese Ideen auch konsequent und mit »Liebe und Leidenschaft« umzusetzen.

In der wirtschaftswissenschaftlichen Diskussion ist der Begriff einer

»Kultur im Unternehmen« bereits in den Zwanzigerjahren des vergangenen Jahrhunderts eingeführt worden. Damals wurden die ersten Experimente durchgeführt, die mit statistischen Methoden nachwiesen, dass das Betriebsklima einen Einfluss auf die Arbeitsqualität hat. 1951 wurde der Begriff »Unternehmenskultur« geprägt. Es war der Wissenschaftler Jaques der dies in seiner Veröffentlichung *The changing culture of a factory* tat.

Jaques verstand darunter die gewohnte und tradierte Weise des Handelns und Denkens im Unternehmen, wie sie mehrheitlich von den Mitgliedern der Organisation geteilt wird. Somit ist die explizite Beschäftigung mit dem Themenfeld Unternehmenskultur bereits über ein halbes Jahrhundert alt. Heute begreifen wir unter einer Unternehmenskultur (Corporate Culture) allgemein die Gesamtheit der im Lauf der Zeit in einer Organisation entstandenen und jetzt wirksamen Normen des Verhaltens, Wertvorstellungen und Einstellungen. Was bewirkt so eine Unternehmenskultur? Sie wirkt nach innen wie nach außen. Nach innen gestaltet sie maßgeblich das Denken, die Entscheidungen, die Handlungen und das Interagieren der Mitarbeiter aller Hierarchiestufen. Nach außen bestimmt sie die Art und Weise der Interaktion zwischen Unternehmen und Umwelt.

Die Unternehmenskultur beschreibt den eigenen Charakter und Stil eines Unternehmens, der das selbige unverwechselbar und damit von anderen Unternehmen unterscheidbar macht. Somit wird deutlich, dass Innovationskultur ein Teil der Unternehmenskultur ist. Unter Innovationskultur können wir somit Normen, Wertvorstellungen und Denkhaltungen verstehen, die das Verhalten der am Innovationsgeschehen beteiligten Personen prägen.

Dabei haben wir ganz bewusst den breiten Begriff »der am Innovationsgeschehen beteiligten Personen« gewählt. Denn wo soll man in einem Unternehmen die Abgrenzung wählen? Innovation und innovatives Verhalten machen sicherlich nicht an der Tür der Forschungs- und Entwicklungsabteilung halt. Innovationskultur ist eine Querschnittskultur.

Diese Aussage baut gleichzeitig eine Brücke in den gesellschaftlichen Kontext. Es kann sicherlich angenommen werden, dass ein ausgeprägt innovationsfreundlich eingestelltes gesellschaftliches Umfeld auch eine betriebliche Innovationskultur fördert. Und umgekehrt.

Unsere vielen Gespräche mit Innovationsverantwortlichen zeigen deutlich, dass Deutschland in Bezug auf eine mutigere Einstellung zu Technologien und damit zu Innovationsfreundlichkeit auf gutem Wege ist. Die Wirtschaft hat jedoch klare Anforderungen an die öffentliche Hand zur Verbesserung anderer Rahmenbedingungen von Innovationen formuliert: Deutlich wird, dass die Menge und die Qualität des wissenschaftlichen Nachschubs ganz oben auf der Sorgenskala stehen.

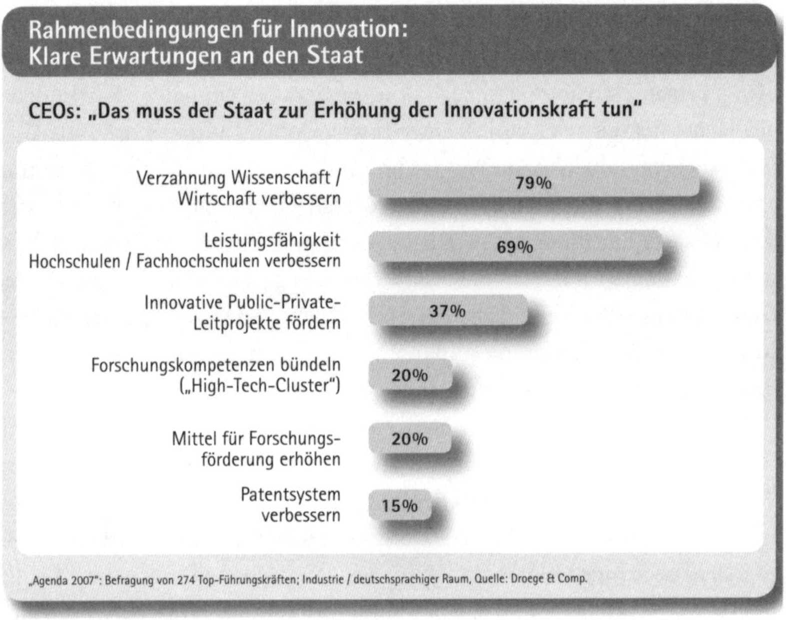

Die Güte einer Innovationskultur kann man spüren

Ob in einem Unternehmen eine gute oder eine schlechte Innovationskultur herrscht, wird von zwei verschiedenen Menschen wahrscheinlich auch unterschiedlich bewertet werden. Die Bandbreite der Art der Wahrnehmung reicht hier von subjektiven Eindrücken bis zum Versuch, nur objektivierbare Ergebnisse als Bewertungsmaßstab zuzulassen. »Ich gehe in ein Unternehmen rein und sage Ihnen auf Anhieb: Dies ist ein innovatives Unternehmen oder ein weniger innovatives Unternehmen. Das fühle ich. Das spüre ich an der Art und Weise, wie die Menschen miteinander umgehen und wie sie miteinander arbeiten«, sagen viele der von uns befragten Manager in dieser oder ähnlicher Form.

Und sie geben sich in der »gefühlten« Selbsteinschätzung ihres Unternehmens Noten zwischen drei und acht auf einer Zehner-Skala, mit deutlichem Schwerpunkt im Mittelfeld. Ohne daraus eine echte Empirie machen zu wollen, bestätigt das zumindest den grundsätzlichen Handlungsbedarf.

Einige Manager versuchen, den »Innovation-Spirit« inhaltlich präzisierend zu fassen. Selbstverständlich können immer die »Output-Faktoren« des Innovationsprozesses herangezogen werden, beispielsweise die Neuproduktrate oder der Return-on-Innovation. Das greift aber in Bezug auf Innovationskultur zu kurz. Hilfreich sind Einschätzungen von CEOs und anderen Innovationsverantwortlichen, die ihre ersten Wochen bei neuen Unternehmen verbracht haben. Und die viele Gespräche mit Führungskräften und Mitarbeitern geführt haben. Auf welche Merkmale haben sie geachtet, anhand welcher Fragen haben sie sich ein Bild über die Innovationskultur gemacht? Die wesentlichen Kriterien sind:

- Sind den Mitarbeitern die Vision des Unternehmens, die Innovationspositionierung und die grundsätzlichen strategischen Stoßrichtungen klar?
- Identifizieren, begeistern sich die Mitarbeiter mit und für Vision, Unternehmen und Produkte?
- Sind die Mitarbeiter »umtriebig« mit Markt und Wissenschaft vernetzt? Denken sie »im Kopf des Kunden«?
- Kommunizieren sie offen und initiativ ihre Ideen, wo noch neue Lösungsansätze zu verfolgen sein könnten?
- Setzt das Unternehmen spezifische und wirksame Anreize für Innovationen, wie werden sie angenommen?
- Haben die Mitarbeiter ein klares Verständnis für den gesamten Innovationsprozess und die Supply-Chain? Sind sie im Unternehmen entlang dieser Kernprozesse vernetzt?

- Verstehen sich die Mitarbeiter als »Dienstleister«, auch im Verhältnis zu ihren internen Kunden?
- Welche Formen der Arbeitsorganisation herrschen vor? Fördert das Raumkonzept schnelles, bereichsübergreifendes Arbeiten?
- Verspüren die Mitarbeiter genügend Freiräume für kreatives Handeln?
- Wie bewerten sie die Umsetzungsstärke des Unternehmens?
- Wie ist das Führungsverständnis und das Rollenverständnis in der Organisation ausgeprägt?
- Beschäftigen sich die Mitarbeiter in hohem Maße mit organisatorischen Problemen im Unternehmen?
- Existieren Plattformen für Kommunikation und Erfahrungssammlung auch außerhalb des fachlichen Arbeitsgebietes?

Für eine stimmige Bewertung der Innovationskultur ist wichtig, ob sich das Unternehmen in einer Erfolgssituation befindet, gerade »harte Zeiten« oder eine Restrukturierung hinter sich hat oder sich möglicherweise im einem Verschmelzungsprozess mit einem anderen Unternehmen befindet.

»Wir haben alle drei, vier Jahre eine große Umfrage zur Kultur im Unternehmen, zu den so genannten Guiding Principles«. Da nehmen weltweit 4000 bis 5000 Mitarbeiter des Konzerns teil. Darin sind dann auch Fragen zur Innovationskultur. Die Auswertung zeigt auch interessante Ergebnisse bezüglich Eigenbild versus Fremdbild.« *Freudenberg*

Die Güte der Innovationskultur ist für Innovationskraft und Unternehmenserfolg von wesentlicher Bedeutung. Das wird von den meisten Unternehmensverantwortlichen zwischenzeitlich erkannt. Woran es noch fehlt sind konkrete Ansatzpunkte, diesen »weichen« Erfolgsfaktor fördernd zu gestalten.

Begeisterung, Freude am Erfolg, auch Freude am Erfolg anderer, Ausprobieren wollen, Toleranz bei Misserfolgen, Freiräume. Das alles sind Attribute, die Lust auf Neues machen. Es ist die Frage der Kultur, die die Lösungswege vorzeichnet. Es ist die grundsätzliche Herangehensweise an ein Problem. Es ist der selbstverständliche Umgang der Menschen miteinander in einem organisatorischen Gebilde, das wir Unternehmen nennen, der die mögliche Bandbreite der Entfesselung von Kreativität ausweitet oder einschränkt. Ist dieses Problem erkannt? Wir denken ja. Widmen wir uns also der Umsetzung.

Leuchtfeuer für Innovationen entfachen – Die Kraft von Visionen

»If you can dream it, you can do it.«
Walt Disney

Visionen entfesseln Leidenschaft – oder auch nicht

Sicherlich kann man um Worte streiten: Vision, Leitbild oder Mission-Statement. Egal, für welches dieser Worte wir uns entscheiden, klar ist: Ein Unternehmen, das erkannt hat, dass Innovationskultur nicht nur ein zentraler Parameter für die Steigerung der Innovationskraft ist, sondern DER Parameter an sich, wird sich mit der entsprechenden Sorgfalt auch dem Thema Vision widmen. Denn die Vision steht am Anfang der unternehmerischen Selbstfindung. Was will unser Unternehmen leisten? Wofür steht unser Unternehmen? Wie können wir unsere gemeinsame Überzeugung in Worte packen? Und vor allem: Welche Ausrichtung, welche Vision setzt die Energie unserer Mitarbeiter nachhaltig frei?

»Mitarbeiter wollen eine Aufgabe, die sie herausfordert. Eine Aufgabe, deren Sinn sie erkennen. Sie brauchen eine fesselnde Vision. Die haben wir klar entwickelt. Dann muss die Vision konkretisiert werden mit einer Strategie. Wie kommen wir zum Ziel? Und so heruntergebrochen muss jeder Einzelne die Vision spüren.«
Siemens

Nur wer das Seil kennt, an dem gezogen werden soll, kann seinen Beitrag dazu leisten. Diese auf den ersten Blick so banale Aussage hat es in sich. Welches Unternehmen kann schon von sich sagen, dass es eine kommunizierte Vision oder ein kommuniziertes Mission-Statement hat, das es schafft, den Unternehmenssinn ebenso zu verbildlichen wie die Leistungsbereitschaft der Mitarbeiter dauerhaft zu mobilisieren und zu entfesseln.

Die Kunst: Ein Bild von der Zukunft, das begeistert

Ein Blick zurück in die jüngere Unternehmensgeschichte: Als Ende der sechziger Jahre Heinz Nixdorf mit seinen Rechnern der mittleren Datentechnik auf den Markt kam, wurde er von den Großen des Computergeschäfts milde belächelt. Seiner Vision, die Rechnertechnik »an den Menschen anzupassen, statt den Menschen in das abstrakte System zentraler Rechner zu zwingen«, gab kaum jemand eine Chance. Vor allem in einer Zeit, in denen im Computergeschäft die Flops grassierten, die auch Unternehmen wie RCA und GE trafen. Unbeirrt arbeitete sein Unternehmen weiter an Lösungen zur dezentralen, anwenderorientierten Datenverarbeitung. Aus dem kleinen Institut für Impulstechnik entwickelte sich ein Vorzeigeunternehmen der achtziger Jahre – bevor der Siegeszug des PC einsetzte.

In diesem kleinen Beispiel zeigt sich das wesentliche Qualitätsmerkmal einer Vision, die Ziel und Leitplanke für Innovationen ist: Das Bild künftiger Geschichte, oder moderner ausgedrückt: Die »Story«, die sowohl den Eigentümern die Richtung für das zukünftige Geschäft aufzeigt als auch den Mitarbeitern des Unternehmens die Chance gibt, Ideen, Stolz, Leidenschaft und Leistungsbereitschaft zu erzeugen.

Aber welche Leitmotive können diesen Anspruch erfüllen? Und: Kann eine tragfähige Vision für Innovation »konstruiert« werden? Sehen wir uns einige Beispiele an:

»Motorola-Produkte sind ein Bestandteil des täglichen Lebens. Unsere Vision ist es, das Leben in vier Bereichen zu vereinfachen: zu Hause, in der Arbeitswelt, im Automobil und für jeden Menschen individuell. Die Lösungen zielen darauf ab, eine nahtlose Kommunikation zu ermöglichen – wo und wann immer es möglich ist. Motorola verbindet die Stärken von drahtloser Kommunikation, Breitbandtechnik, Internet und Multimedia.« *Motorola*

Diese Vision gibt eine klare Richtung vor. An ihr kann sich jeder Motorola-Mitarbeiter ausrichten. Jede Beobachtung, jede Handlung kann unter Fragestellungen betrachtet werden, die leicht aus dieser Vision abgeleitet werden können. Mit Blick auf das Innovationsgeschehen bedeutet dies, für jedes Kommunikationsbedürfnis eine technische Lösung zu entwickeln oder bereits parat zu haben. Was nicht in die Vision passt, gehört nicht zu den Aufgaben des Unternehmens.

»Unser Handeln ist darauf ausgerichtet, Lebensmittel gesünder zu produzieren. Auf rein natürliche Art, ohne jegliche Zusatzstoffe.« *Frosta*

Frosta hat sich den Trend hin zur gesünderen Ernährung auf die Fahnen geschrieben. Gesunde Ernährung aus schonend und umweltbewusst angebauten und erzeugten Lebensmitteln. Mitarbeiter können in dieser Vision mühelos ein starkes Leitbild für ihre tägliche Arbeit sehen. Die Vision ist Sinn stiftend und sie führt dazu, dass viele Handlungsnormen aus ihr abgeleitet werden können. Ein Lieferant, der diese Kriterien nicht erfüllen kann oder will, wird als Kontraktpartner überhaupt nicht in Frage kommen. Ein Mitarbeiter, der gesunde Ernährung und biologisch reine Lebensmittel nicht für wichtig hält, wird sich auf Dauer in diesem Unternehmen nicht etablieren können. Für die anderen wirkt das Leitbild motivierend. Richtung und Stärke sind in der Vision von Frosta enthalten.

»Wir verbessern die Lebensqualität. Durch unsere Arbeit gelingen unseren Kunden bahnbrechende Erfolge in den Bereichen Forschung, Entwicklung von Medikamenten, Molekulare Diagnostik und in neuen Anwendungsgebieten.« *Qiagen*

Der Diagnostika-Hersteller Qiagen ist ein Problemlöser für die Analyse biologischer Proben. Das Leitmotiv ist daher umso erstaunlicher, als dass es die Identität und die Sinnstiftung in einen gesellschaftlichen Kontext stellt. Durch die Verknüpfung der Vision mit der Aussage, bei Erreichen der Ziele Lebensqualität von Menschen verbessern zu helfen, wird neben der Richtungsgebung auch eine Motivation gelegt. Die Identifikation mit dem Unternehmen und der Richtung, in die es geht, fällt so leicht. Allen Mitarbeitern wird der Nutzen deutlich, den Qiagen für alle leisten will. Mit der Chance zur Identifikation aller Mitarbeiter mit dem Unternehmen setzt Qiagen damit einen klaren Stimulus für eine tragfähige Innovationskultur.

Gute und wirklich mobilisierende Leitbilder können somit recht schnell erkannt werden:

Sinnstiftender Zukunftsbezug: Nach Friedrich Schlegel ist der »His-

Richtungsweisende Unternehmensvisionen

3M	„Wir helfen Menschen auf der ganzen Welt, ihr Leben leichter und schöner zu machen."
Bayer	„Science For A Better Life – Wir wollen mit unseren Produkten und Dienstleistungen den Menschen nützen und zur Verbesserung der Lebensqualität beitragen."
Carl Zeiss	"We make it visible."
Deutsche Telekom	„Wir verbinden die Gesellschaft für eine bessere Zukunft."
Ford	„Erschwingliche Autos für jedermann." (1903)
Frosta	„Natürliche Lebensmittel, die 100% frei von Zusatzstoffen sind."
Google	„Wir organisieren die Informationen der Welt und machen sie allgemein nutzbar und zugänglich."
Qiagen	"We create indispensable solutions that enable access to content from any biological sample. We thereby make improvements in life possible."
Microsoft:	"We work to help people and businesses throughout the world realize their full potential."
Motorola:	„Wir sorgen für nahtlose Kommunikation – Menschen und Informationen sind dadurch jederzeit und überall erreichbar."

Quelle: Unternehmen

toriker ein rückwärts gerichteter Prophet«. Umgekehrt ist demnach der Visionär ein vorwärts gerichteter Historiker. Die Vision zeigt also den Platz und die Identität des Unternehmens in der Zukunft. Und zwar so, dass sie für den Mitarbeiter und andere am Innovationsgeschehen Beteiligte sinngebend ist. Das »warum« steht im Vordergrund, und weniger das »Was« oder das »Wie«. Eine typische »warum-lose« Vision ist etwa »Wir wollen ein führender, profitabler Wettbewerber in unseren Kernmärkten sein«. Dieser Anspruch ist zweifelsohne betriebswirtschaftlich ein absolutes Muss. Er berührt aber kaum einen Mitarbeiter. Die Frage ist vielmehr: Was tut unser Unternehmen direkt oder indirekt, damit die »Welt ein besserer Platz« wird? Vor allem Visionen, die diesen Kontext aufnehmen, haben das Potenzial, Leidenschaft für Innovationen zu erzeugen.

Rahmensetzung: Die Vision reflektiert die gesellschaftliche und die gesamtwirtschaftliche Einbettung, die Grundwerte des Unternehmens und die Wettbewerbsarena, die zukünftig beschritten werden soll. Sie ist damit Rechtfertigung, Vorgabe und Leitplanke für strategische Stoßrichtungen und für Unternehmensgrundsätze.

Zwang zur Veränderung: Die Vision gibt vor, wohin sich das Unternehmen entwickeln will. »Vom Komponentenhersteller zum Problemlöser« oder »vom Pharmaunternehmen zum Health-Care-Unternehmen«.

Für Unternehmen, die eine neue Qualität ihrer Innovationskultur entwickeln wollen, heißt dies in der Konsequenz, dass sie sich auch als »Sinnproduzent« verstehen müssen. Das ist eine erste Voraussetzung dafür, das Leuchtfeuer, die Richtungsmarkierung für Innovationen entfachen zu können.

Der Weckruf: Nur wenige Visionen können begeistern

»Haben Sie Schlafstörungen – lesen Sie ein Mission-Statement!« Diese spitze Bemerkung eines Top-Managers trifft nach unserer Analyse von Unternehmensleitbildern oftmals die Realität: Wie viele Mitarbeiter des eigenen oder anderer Unternehmen kennen Sie, die sich die Vision ihres Unternehmens an den Badezimmerspiegel heften, um schon auf dem Weg zur Arbeit die Augen für Innovationsideen offenzuhalten? Oder andersherum: Wie viele Mitarbeiter kümmern sich kaum um die in der Regel in Foyers und Fluren ausgehängten Mission-Statements? Die Antwort auf diese Fragen ist recht klar – »echte«, mobilisierende Unternehmensvisionen sind Mangelware:

Bei näherem Hinsehen wird klar, dass die meisten Leitbilder rein wirtschaftlicher Natur sind – andersherum: »Wir tun, was wir jetzt tun, aber auf 15 Prozent höherem Niveau« sind Visionen von eher untauglichem Zuschnitt. Sie beziehen sich auf reine Ergebnisgrößen wie Wettbewerbsposition, Wachstum, Marktanteile oder Umsatz und blenden Identitätsfragen völlig aus. Entsprechend wirkungslos prallen solche »Hoffnungsposten« bei ihren Adressaten ab.

Und: Viele Unternehmen verwechseln »Vision« mit »Unternehmensgrundsätzen«, auch Corporate Values oder Code-of-Conduct genannt: Nahezu jedes Unternehmen ist demnach innovativ, kundenorientiert, effizient und mitarbeiterorientiert. Das ist austauschbar, ohne Alternative und erzeugt daher auch keinen Stimulus für eine neue Leistungskultur. Das sind keine wirksamen Visionen.

Aber: Corporate Values sollen auch nicht das »Leuchtfeuer für Innovationen« sein, sie erfüllen eigentlich eine ganz andere Funktion: Visionen sollen allen Mitarbeitern eine gemeinsame Marschrichtung geben. Je nach Art und Weise, wie die Vision gebildet und kommuniziert wurde, ist dies allein schon eine starke Klammer im Unternehmen. Gut gefasste Corporate Values tun das Gleiche auf einer etwas konkreteren Ebene. Sie sind Regeln, die einem Mitarbeiter »das Ethische« des Unternehmens vermitteln und damit auch dafür sorgen, dass es zu keinen inneren Konflikten kommt.

SAP beispielsweise hat eine klare Vision und ein starkes Selbstverständnis, das auch die Verantwortung des Unternehmens für die Entwicklung der Gesellschaft adressiert. SAP fasst für seine weltweit arbeitenden Mitarbeiter dieses Werte-Set zusammen und stellt damit Spielregeln auf sowohl für das Verhalten Kunden gegenüber als auch für den internen Umgang miteinander.

Corporate Values

Grundwerte	Neue Anforderungen
Kundenorientierung: Wir arbeiten systematisch darauf hin, die Anforderungen unserer Kunden immer besser zu verstehen und zu erfüllen.	**Agilität:** Wir setzen Veränderungen schnell und effizient um und erschließen dadurch neues Umsatzpotenzial.
Qualität: Wir stehen für die Qualität unserer Produkte und Dienstleistungen als entscheidende, langfristige Verpflichtung.	**Konzernweite Höchstleistung:** Transparenz, Verantwortung und Disziplin leiten jederzeit unser Handeln.
Produktführerschaft: Durch Kompetenz und Innovation entwickeln wir erstklassige Produkte, die uns einen entscheidenden Wettbewerbsvorsprung sichern.	**Einfachheit:** In unseren Geschäftsabläufen und bei der Entwicklung unserer Produkte vermeiden wir unnötige Komplexität.
Integrität: Sowohl untereinander als auch im Umgang mit unseren Partnern schaffen wir gegenseitiges Vertrauen – durch ethisch einwandfreies, redliches und konsequentes Handeln.	**Ko-Innovation:** In enger interner und externer Zusammenarbeit setzen wir neue Ideen um.
Verantwortung: In allen Geschäfts- und Arbeitsbeziehungen verhalten wir uns loyal und verantwortlich und halten Zusagen ein.	**Mitarbeiterförderung:** Durch eine Kultur des Forderns und Förderns entwickeln wir auf allen Organisationsebenen die weltbesten Mitarbeiter.
Enthusiasmus: Mit unserer Begeisterung für SAP inspirieren wir einander, unsere Kunden und andere Interessengruppen.	

Quelle: SAP

Die Verfassung und Kommunikation eines solchen Kataloges an Corporate Values haben eine Reihe positiver Eigenschaften. Vorausgeschickt muss gesagt werden, dass es natürlich am Top-Management und den anderen Führungslinien des Unternehmens liegt, diese Corporate Values täglich auch vorzuleben. Wenn dies der Fall ist, entsteht langfristig ein internes Normengeflecht, das es den Mitarbeitern des Unternehmens ermöglicht, innerhalb des Konzerns weitgehend problemlos zu wechseln. Egal an welcher Stelle, die zugrundeliegenden Werte stimmen überein.

Das ist für das Unternehmen effizienzsichernd und für das Individuum in dem Sinne motivierend, dass es weiß, in einem großen Werteverbund zu arbeiten. In einem Werteverbund, in dem man idealerweise die Werte teilt und so konzernweit auch eine geistige Heimat hat, egal wo gerade der Einsatzort ist.

Mitreißende Visionen sind gestaltbar

Jeder, der es versucht hat, kann es bezeugen: Es ist für Unternehmen durchaus schwierig, sich neu zu erfinden und die Frage zu beantworten, welche Existenzberechtigung die eigene Organisation in ein paar Jahren noch haben mag. Ein umso größeres Augenmerk muss daher dem Prozess der Visionsentwicklung geschenkt werden.

Eine Vision kann durchaus aus unterschiedlichen Perspektiven gebildet werden. Die Formulierung einer Vision kann aus der Perspektive eines Produktes erfolgen, sie kann aber auch – wie gezeigt – viel weiter gefasst werden und auch gesellschaftsrelevante Aspekte enthalten.

Klassisch: Visionen »von oben«

Unserer Beobachtung nach findet bei vielen Unternehmen die Formulierung der Vision oder der »Mission-Statements« in einem Top-down-Prozess statt. Die Unternehmensführung begibt sich mit einer Reihe von Ideen in Klausur und konsultiert eventuell noch die nachgelagerte zweite Ebene in einem iterativen Prozess. Dies findet genauso oft in jüngeren Unternehmen statt, nicht selten unmittelbar während des Gründungsprozesses, als auch in Traditionsunternehmen, die sich hier schärfer profilieren und aufstellen wollen. Nach der Formulierung von Vision und Unternehmensgrundsätzen »im stillen Kämmerlein« werden die Ergebnisse beschlossen und verkündet.

Die Kunst liegt weniger im Prozess selbst, auch wenn er typischerweise in vielen Runden abläuft, in denen sich die Unternehmensführung dem gemeinsamen Ergebnis nähert.

»Bei uns ist das ein Rauf-und-runter-Prozess gewesen. Man hat angefangen mit einer Version und die auf den Prüfstand gestellt. Das hat aber nicht zufrieden gestellt. Und so ging es in die nächste Runde, bis jemand auf die Fragestellung kam, was denn unsere Kunden wirklich brauchen. Und so kamen wir schrittweise zu unserer Vision.« *Motorola*

Die Kunst liegt vielmehr darin, die »Zutaten« bereitzulegen, die eine Visionsentwicklung jenseits von Standardkochrezepten erfordert. Es geht also im Kern darum, antizipativ in Bezug auf zukünftige gesellschaftliche und wirtschaftliche Entwicklungen zu arbeiten. Die zukünftige Identität des Unternehmens ist dabei immer zu einem Teil Erbe, also vergangenheits- und erfahrungsbestimmt; zum anderen fließen in das zukünftige Bild ebenso »Megatrends«, Wünsche, Träume und Ansprüche ein.

Die Entwicklung tragfähiger Visionen braucht somit mehr als klassische Kundenbefragungen und Wettbewerbsanalysen. Und die Aufgabe des Top-Managements ist es, an dieses »Mehr« zu denken. Seine Aufgabe ist es, die ganz großen Bewegungen, die Megatrends zu spüren, die in der Zukunft von Relevanz sind. Ein Top-Manager muss das Gespür dafür haben, die großen Trends der Zukunft wahrzunehmen und das ganze Unternehmen immer wieder wie eine Magnetnadel darauf auszurichten. Was nutzt es, in einer veraltenden Technologie durch ständigen Input die Marktführerschaft zu verteidigen und dabei zu verschlafen, wenn neue Technologien die Kundenbegeisterung wecken? Wer kauft heute noch eine Schreibmaschine? Und es gab Schreibmaschinenhersteller, deren Produkte nahezu perfekt waren! Wer klebt heute noch Bilder in Fotoalben ein? Oder wer trägt heute noch seine Filme zum Entwickeln? Erinnern Sie sich an Agfa? Märkte können sich ändern. Das war schon immer so und das wird auch immer so sein. Vielleicht gibt es in 50 Jahren keine Fahrzeuge mit Verbrennungsmotoren mehr? Vielleicht ist die Form der Energieerzeugung in 50 Jahren eine ganz andere? Das können wir nicht wissen. Aber wir können abschätzen, wohin die Reise geht. Und mit der richtigen Formulierung der Vision und der richtigen, langfristigen »Guidance« können die Mitarbeiter sensibilisiert werden, Leidenschaft dafür zu entwickeln, bei der Entwicklung solcher Produkte und Dienstleistungen mit ihrem Unternehmen an der Spitze zu stehen.

Megatrends beeinflussen Unternehmen. Im Großen wie im Kleinen. Auf der großen, weltweiten Skala beobachten wir den zunehmend härter werdenden Kampf um Rohstoffe und Energiequellen. Die Bevölkerung wächst, vor allem im asiatischen Raum. Probleme der Infrastruktur und der Energieerzeugung müssen rasch gelöst werden. Daraus ergeben sich erhebliche Chancen für Unternehmen, hier einen gewinnbringenden Beitrag zur Lösung der Probleme zu leisten. Wenn die Probleme erst aufgetreten sind, ist es für die Formulierung von Vision und Strategie oft zu spät. Im Gegenteil: Wenn die erwarteten Kundenbedürfnisse eintreten, müssen die Lösungen schon parat stehen.

Aber auch in der kleineren Skalierung, etwa auf Westeuropa bezogen, sind Megatrends zur Genüge festzustellen. Die Überalterung der Gesellschaft wird neue Lösungen fordern. Beispielsweise wird Mobilität im Alter einen riesigen Stellenwert bekommen. Welche Healthcare-Konzepte brauchen wir? Welche Antriebssysteme werden Fortbewegungshilfen für Senioren haben? Welche Kommunikationslösungen bieten sich an? Wer diesen beispielhaften Megatrend richtig adressiert, wird es leicht haben, einen klaren Platz im Konzert der Lösungsanbieter zu finden. Unternehmen können aus Megatrends erhebliche Informationen ziehen, wie sie in der Zukunft aufgestellt sein müssen.

Das Fernlicht: Pictures of the Future

»Wir versuchen ständig, über die Innovationen von morgen zu diskutieren. Was passiert in den nächsten 15 Jahren? Was sind die Trends, die eines oder mehrere der Geschäftsfelder unseres Hauses berühren werden?« *Siemens*

Die Aufgabe der Innovationssteuerung von Siemens ist es, in den sechs Arbeitsgebieten des Siemens-Konzerns die Ergebnisse der Innovationsanstrengungen zu verfolgen wie auch die Diskussionen über zukünftige Innovationen in Gang zu bringen und zu halten. Bei rund 47000 Forschern und Entwicklern, die Siemens insgesamt zählt, ist es notwendig, trotz aller gewünschten Differenzierung auch bei großen Entwicklungen in die gleiche Richtung zu schauen. *Pictures of the Future* ist das bewährte Instrument für diese Herausforderung. So wollen die *Pictures of the Future* Trends bewusst herausschälen und zur Diskussion stellen. Und zwar in alle Richtungen: Technologische Trends stehen ebenso im Fokus wie kundenbezogene und sozioökonomische. Hier werden von internen und externen Spezialisten Märkte und deren Veränderungen unter die Lupe genommen und neue Geschäftsfelder auf wirtschaftlichen Wert ebenso überprüft wie auf die Möglichkeit, Synergien mit bestehenden Einheiten zu heben. Aber *Pictures of the Future* soll mehr sein als nur ein Forum für Diskussionen und Information.

»Wir leiten aus *Pictures of the Future* systematisch unsere Anschauung für die nächsten Jahrzehnte ab. Wir schätzen ab, wie sich bestimmte Trends und Branchen entwickeln werden. Wir haben ein Verfahren entwickelt, wie wir aus den definierten Megatrends den Technologiebedarf ableiten können. So entwickeln wir genau die Dinge, von denen wir glauben, dass sie die Nachfrage innerhalb bestimmter Megatrends befriedigen können. Beispiele, die wir auf dieser Basis identifiziert haben, sind die Themen rund ums Wasser, also Wasserversorgung, Trinkwasseraufbereitung und Wasserreinigung, sowie Entstehung von Riesenstädten, insbesondere in Asien, mit ihrer Verkehrsinfrastrukturthematik.« *Siemens*

Auch Volkswagen hat seinen Scheinwerfer auf Fernlicht gestellt, wenn es um die Planung des zukünftigen Geschäfts und von Innovationen geht: Volkswagen kann langfristig nur dann erfolgreich sein, wenn das Unternehmen »Teil der Lösung« von Umweltfragen ist, so das Credo des Konzerns. Ein *Umweltradar* und ein *Life-Cycle-Assessment* sind die methodischen Ansätze, zukünftige Entwicklungen zu erkennen und für die eigene Ausrichtung nutzbar zu machen.

Aber nicht nur Großkonzernen hilft es, auf Basis solcher Verfahren langfristig stabile Trends zu identifizieren und sich darauf auszurichten. Auch kleinere Unternehmen können auf den großen Veränderungen aufsetzen.

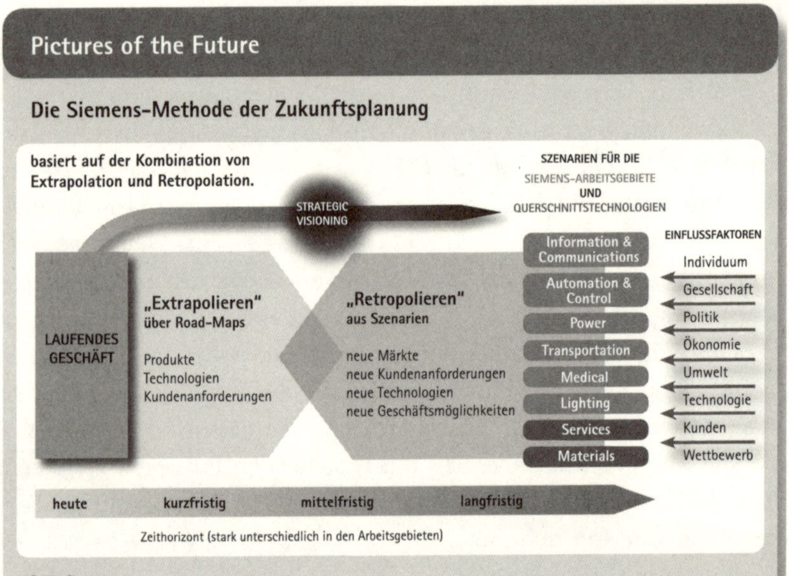

Quelle: Siemens

Ein Beispiel hierfür ist Frosta. Der Hersteller von Tiefkühlkost hat vor einigen Jahren mutig die Vision geändert, nachdem in der internen Diskussion festgestellt wurde, dass Gesundheit und Wellness Entwicklungen sind, die die Nahrungsmittelindustrie dauerhaft verändern werden. »Frei von künstlichen Lebensmittelzusätzen« heißt zusammengefasst die Vision, die den gesellschaftlichen Trend aufgreift und darauf aufbaut, Lebensmittel mit besseren Zutaten zu produzieren. Das sogenannte Frosta-Reinheitsgebot wurde über zwei Jahre diskutiert und definiert. Der Prozess lief auch deshalb so lange, weil alle Vorlieferanten mit einbezogen werden mussten, die ihrerseits die Lebensmittel nach den Vorgaben von Frosta anbauen mussten. Erreicht hat Frosta mit dieser Ausrichtung nun eine klare und erfolgreiche Differenzierung von den Wettbewerbern, denn nur der Markterfolg macht aus der Idee eine Innovation.

Erreicht hat Frosta damit auch, einen neuen Impuls für die Ausrichtung der Innovationskultur als Nährboden weiterer Produktneuerungen zu setzen.

Der Anstoß von der Spitze ist oftmals entscheidend

Gut formulierte und »mit Liebe« entwickelte Visionen geben einem Unternehmen wie ein Leuchtfeuer am fernen Horizont die Innovationsrichtung vor. Es sind aber oftmals nicht die analytisch und systematisch hergeleiteten Leitbilder, die bahnbrechende Impulse erzeugt haben.

Gute Ideen gründen oftmals auf Leidenschaft Einzelner, oftmals sind sie das Ergebnis der Anstrengungen vieler. Obwohl Visionen keineswegs das natürliche Vorrecht großer Unternehmenslenker sind, lässt sich gleichwohl erkennen, dass oftmals einzelne Führungspersönlichkeiten für die Entwicklung einer Vision prägend waren. Mit einigen berühmten Namen verbinden sich große Innovationen der Vergangenheit, die ganze Industriezweige begründeten: Werner von Siemens, der mit dem Zeigertelegramm die Telekommunikation ins Leben rief und mit der Erfindung des Dynamo den Zweig der Elektrotechnik. Oder Carl Miele, der mit Buttermaschine und Waschmaschine den Grundstein für die Hausgeräteindustrie legte. Oder Charles Goodyear, ohne dessen sprichwörtliche Besessenheit und Hartnäckigkeit bei der Suche nach dem Rezept zur Vulkanisation von Gummi die Automobilindustrie vielleicht noch lange auf gute Reifen hätte warten müssen.

Die Liste ließe sich lange fortführen. Den genannten Beispielen aus den unterschiedlichen Bereichen lässt sich eine Gemeinsamkeit entnehmen: Die Personen waren mit Überzeugung und Leidenschaft bei der Sache. Sie waren überzeugt, dass sie eine Lösung für ihr Problem finden würden. Sie waren bereit, weit mehr als das Übliche zur Lösung ihres Problems zu tun. Charles Goodyear ließ sich von seiner Frau Materialien ins Gefängnis bringen, um weiter experimentieren zu können. Ins Gefängnis musste er oft, da ihn seine gescheiterten Versuche immer wieder in Geldmangel brachten und in die Insolvenz. So weit müssen wir heute nicht mehr gehen. Entstammt die Szene doch aus der wilden Gründerzeit der industriellen Entdeckungen des neunzehnten Jahrhunderts. Aber sie zeigt die wichtige Eigenschaft, den unbedingten Willen, das erkannte Problem zu lösen.

Und hier liegt auch ein großer Unterschied zwischen dem visionären Unternehmenslenker und dem Manager: Der Manager bewahrt und optimiert, der Unternehmenslenker stellt in Frage, erneuert und setzt das Neue konsequent um.

Jedem Unternehmen muss daran gelegen sein, Mitarbeiter zu finden und zu halten, die Neugier, Beharrlichkeit und Umsetzungsstärke mitbringen und die ihre Leistungskraft im Rahmen einer starken Innovationskultur voll entfalten.

Arbeit mit der Basis: Visionen »von unten«

Die Innovationskultur in einem Unternehmen ist es, die Mitarbeiter zu Spitzenleistungen motiviert. Artur Fischer hat immer in seinem eigenen Unternehmen gearbeitet und sich die Freiräume für Kreativität selbst definiert. Berthold Leibinger durfte trotz aller Widerstände an seinen Ideen weiterarbeiten und tüfteln, auch wenn Christian Trumpf den Kopf schüttelte und der Meinung war, dies sei vergebene Mühe. Aber sind es heute einzelne »Erfinder«, die die Innovationskultur prägen? Oder ist es heute nicht eher die Breite der Organisation, die die Richtung weist? Die Antwort auf diese Frage ist nicht einfach.

Alternativ zur Vision »von oben« gibt es einen weiteren Weg, eine Unternehmensvision zu bestimmen: unter weitgehendem Einbezug der Belegschaft. Diesen Weg hat beispielsweise die EnBW gewählt. Die Energie Baden-Württemberg AG ist als eigenständiges Unternehmen verhältnismäßig jung. Entstanden ist es aus mehren Fusionen von Energieversorgungsunternehmen im Süden Deutschlands. Durch die Fusionen trafen ganz unterschiedliche Unternehmens- und damit auch Innovationskulturen aufeinander. Das, aber auch die großen Herausforderungen – Stromausfall in den USA vor einigen Jahren, die Konflikte um die Durchleitung von Erdgas, der Kampf um die Ölvorräte – war auch die große Chance, Dinge grundlegend neu anzugehen.

»Wir stehen als Energieversorger in einer besonderen Verantwortung angesichts der Frage, wie aus globaler Perspektive der drastisch ansteigende Energiehunger gestillt werden kann. Das ist ein Thema mit hohem Entscheidungs- und Handlungsbedarf und mit langfristiger Wirkung für die nächsten hundert bis tausend Jahre. Welche Rolle wird Deutschland angesichts dieser Herausforderungen spielen? Letztlich geht es um die Frage, durch welche Innovationen es uns gelingt, die Energieversorgung dauerhaft auf eine Weise sicherzustellen, die die Lebensbedingungen auf diesem Planeten nicht existenziell gefährdet oder gar zerstört.« *EnBW*

Im Jahr 2005 hat die EnBW einen Leitbildprozess aufgelegt und damit begonnen, die Leitbilder für unser zukünftiges Handeln zu entwickeln. 800 Mitarbeiter aus allen Teilen des Konzerns wurden in diesen Prozess einbezogen. 400 Führungskräfte und 400 Mitarbeiter wurden in Workshops zusammengebracht. Knapp 40 dieser Workshops mit jeweils 20 bis 25 Personen wurden abgehalten. »Top-down war nur die Botschaft des Vorstandes, dass dies so gewollt ist. Der Prozess der Leitbildfindung selbst war komplett bottom-up.« Am Anfang gab es 260 Leitsätze für das Unternehmen. Aus diesen 260 Vorschlägen wurden in einem iterativen Prozess von einer kleinen Kommission zehn Leitsätze extrahiert.

»Wir haben gesagt, unser Leitbild muss mitten aus dem Konzern kommen. Es wurde von mehr als 800 Mitarbeitern und Führungskräften erarbeitet. Die Leitsätze wurden dem Konzernvorstand vorgelegt, der diese dann ohne Änderung, mit jedem Punkt und Komma annahm. Nun sind wir in einem ähnlich intensiven Prozess über alle Hierarchieebenen hinweg dabei, unser Leitbild fest in der täglichen Arbeitspraxis zu verankern.« *EnBW*

Egal, von welcher Perspektive aus die Vision formuliert ist, zentraler Punkt ist die Authentizität. Die klare Formulierung einer Vision präzisiert die Richtung für alle Mitarbeiter. Die Glaubwürdigkeit der Vision ist es, die die Stärke bestimmt, mit der alle am Seil des gemeinsamen Unternehmenserfolges ziehen.

Leitbilder kraftvoll kommunizieren und verankern

Alleine die Formulierung von Botschaften reicht nicht. Worte können auch zu leeren Hülsen verkommen, wenn sie nicht gelebt werden. Da ist es allemal besser, keine ausformulierten Botschaften vor sich herzutragen, sondern durch die tägliche Tat die Richtung glaubwürdig vorzugeben. Vergessen wir nicht: Es geht darum, eine Kultur zu implementieren, die es schafft, alle Mitarbeiter permanent nach neuen Lösungen suchen zu lassen, die die Begeisterungsfähigkeit auf allen Ebenen des Unternehmens immer wieder zu erwecken vermag und die allen Mitarbeitern die Sinnhaltigkeit der gemeinsamen Tätigkeit vermittelt. Um dies zu erreichen, muss die Vision klar sichtbar sein. Sie muss Leuchtfeuer sein.

Methoden, eine einmal formulierte Vision im Bewusstsein der Mitarbeiter zu verankern, gibt es viele. Und nur in ihrer Gesamtheit können sie über die Zeit ihre Wirkung entfalten. Über die bereits beschriebenen Qualitätsmerkmale einer Vision hinaus – sinnstiftender Zukunftsbezug, Zwang zur Veränderung, Erfolgsorientierung – sehen wir einige Faktoren, die für eine nachhaltige Verankerung wichtig sind:

Führungskräfte-Commitment: Das Top-Management muss die Unternehmensvision leben. Nur diese Art der Kommunikation ist glaubwürdig. »Bei uns müssen Führungskräfte unser Leitbild herunterbeten können, wenn sie nachts geweckt werden«, umschreibt Wilo diesen Anspruch. Einmal formuliert, einmal beschlossen, einmal verkündet, müssen aus den Worten Grundlagen für Taten werden. Ganz entscheidend: Die Führungskräfte müssen 100 Prozent dahinterstehen.

Sichtbarkeit: Sind Vision und die dazu gehörigen Mission-Statements präsent? Präsent im Sinne von dauerhafter Sichtbarkeit? Es nutzt nichts, wenn die Vision in der Schublade des Geschäftsführers liegt. Sie muss auf der Homepage im Internet ganz vorne stehen, das Intranet durchziehen und an jeder denkbaren und undenkbaren Stelle im Unternehmen auf einmal da sein. Manche Unternehmen verteilen persönliche »Visionspässe« an ihre Mitarbeiter, in denen alle wesentlichen Botschaften zusammengefasst sind. Auch hier sind der Fantasie eines kreativen Managements keine Grenzen gesetzt.

Vitalität: Ist es eine kraftvolle Vision? Eine Vision, bei der der Mitarbeiter schon spürt, dass sie nach Umsetzung drängt? Kraftlos formulierte Visionen neigen dazu, beim Empfänger keine positive Motivation zu wecken. Im schlimmsten Fall verkommt die »Vision«, die keine ist, zu einem austauschbaren Slogan.

Ernsthaftigkeit: Bei jeder sich bietenden Gelegenheit muss das Top-Management auf die Vision Bezug nehmen und demonstrieren, wie ernst die Vision von der obersten Führungsebene genommen wird. Die Vision und die Mission-Statements sind kein Unterhaltungsprogramm. Sie sind Programmatik und Überlebensmotto: organisches Wachstum durch Innovation. Ernsthaftigkeit hat auch mit der Kontinuität von Budgets für Innovationen zu tun.

Wiederholung: Wiederholung ist die Mutter des Wissens, sagt ein altes russisches Sprichwort. Und das gilt auch für Visionen. Das Wissen von der Vision, das Wissen um die Inhalte der Vision und das intrinsische Handeln danach werden gestärkt durch ständige Wiederholung. Führungskräftekontinuität ist hier ein wichtiges Stichwort.

»Wir sprechen über unsere Vision bei jeder sich bietenden Gelegenheit. Und Gelegenheiten gibt es viele: Betriebsversammlungen, Meetings, Ehrungen, Qualitätszirkel, Normenausschüsse und so weiter und so fort. Es ist das Management, es sind die Führungskräfte, an denen sich das gesamte Unternehmen orientiert. Wenn es hier an Glaubwürdigkeit mangelt, stehen Vision und Innovationskultur auf Dauer unter keinem guten Stern.« *Motorola*

Sanktionen: Wer klar gegen die Vision handelt oder sich gegen sie stellt, behindert das Unternehmen. Unternehmen sollten also auch Möglichkeiten vorsehen, diese Handlungen zu unterbinden. Das werden wir später unter dem Stichwort Leadership-Attributes noch eingehend erläutern.

Initiierung: Informationskaskaden und Innovationstage

Wenn eine Vision neu oder zum ersten Mal formuliert wurde, muss diese Vision wirksam in das Unternehmen getragen werden. Alleinige Rundschreiben per E-Mail oder in der Mitarbeiterzeitschrift sind – gemessen an dem Anspruch, zu begeistern – erfahrungsgemäß wirkungslos. Persönliche Kommunikation und Feedback sind gefragt.

Besonders bewährt haben sich *Informationskaskaden* oder *Informationspyramiden*: Sie basieren darauf, dass die zentralen Botschaften, also beispielsweise die Vision, auf wenigen standardisierten Blättern »von oben nach unten« systematisch durch das Unternehmen getragen werden. Das Top-Managements informiert also persönlich alle direkt zugeordneten Mitarbeiter z. B. im Rahmen einer speziellen Veranstaltung. Die aufnehmenden Führungskräfte wiederum informieren ihre direkten Mitarbeiter – so lange, bis »der letzte Winkel« des Unternehmens erreicht ist.

Was wird durch dieses einfache Verfahren erreicht? Geschwindigkeit, Einheitlichkeit der Botschaften, Flächendeckung, die Chance für alle Führungskräfte, Präsenz und Commitment zu zeigen, sowie auch die Gelegenheit zu unmittelbarem Feedback.

Mit oder ohne Kaskade – entscheidend für die Wirksamkeit der Vision und der Qualität der Innovationskultur ist das mittlere Management. Aus diesem Grund ist die Verzahnung zwischen Top-Management und nachfolgenden Ebenen sehr wichtig.

»Es kommunizieren bei uns immer mindestens zwei Ebenen des Managements in einem iterativen Prozess miteinander. Es gibt immer eine Rückschleife, so dass jeder Mitarbeiter die Gelegenheit hat, seinem Vorgesetzten ein Feedback zu geben und umgekehrt. So wird sichergestellt, dass die Unternehmensvision richtig kommuniziert und verstanden wird.« *SAP*

Informationskaskaden sind nur ein Ansatz, die Vision und den Stellenwert von Innovation im Unternehmen in die Organisation zu transportieren. Sie eignen sich oftmals als Initialzündung. Eine andere, bewährte Plattform ist die Durchführung von unternehmensweiten *Innovationstagen.*

Der 8. November ist bei AIR LIQUIDE jedes Jahr ein besonderer Tag. Denn an diesem Tag, dem Gründungstag des Unternehmens, gibt es eine besondere Feier. AIR LIQUIDE hat diesen Tag zum *Innovationstag* ernannt. Dieser Tag wird im ganzen Konzern gefeiert, weltweit. Zur Förderung und Verbreitung innovativen Denkens und Handelns im gesamten Unternehmen prüfen das Management sowie die in jeder Tochtergesellschaft eingesetzten Innovationsmanager die im Jahr von den Mitarbeitern eingereichten Ideen und Vorschläge.

Sie werten diese aus und sorgen dafür, dass die erfolgversprechenden Ideen auch mit Nachdruck weitergetrieben werden. In den einzelnen Landesgesellschaften finden an diesem Tag Feierlichkeiten statt. Ideen werden auf lokaler Ebene prämiert. Die Mitarbeiter kommen auf die

Technologies on Stage

Quelle: 3M

Bühne, die konzerninterne Kommunikationsabteilung sendet ihre Fotografen. Großer Rummel. Und jedem Mitarbeiter wird – jenseits formaler Kommunikationskanäle und »Wandhängungen« der Vision – noch einmal verdeutlicht, worum es dem Unternehmen eigentlich geht, welche großen Innovationsleistungen die Mitarbeiter hervorgebracht haben und vor allem: dass das Unternehmen das Thema Innovation wirklich ernst nimmt.

Verstärkung: Innovationskommunikation

Eine hohe wahrgenommene Innovationskraft wird von allen Stakeholdern, insbesondere vom Kapitalmarkt, als höchst positiv, als wertsteigernd wahrgenommen. Unsere Untersuchungen, die das Innovationsimage börsennotierter Unternehmen mit deren Börsenkapitalisierung vergleichen, zeigen im Gesamtbild einen erkennbar positiven Zusammenhang.

Damit bekommt eine professionalisierte *Innovationskommunikation* heute einen ganz anderen, deutlich höheren Stellenwert: Einerseits, um das Innovationsimage nach außen deutlicher in den Vordergrund zu stellen. Andererseits befördert die positive Aufladung eines Unternehmens als Top-Innovator auch die Innovationskultur. Innovationskultur und Innovationskommunikation verstärken sich somit gegenseitig.

Am Beispiel des ThyssenKrupp-Konzerns lässt sich die Wirksamkeit einer gezielten Innovationskommunikation gut veranschaulichen: Seit 2001 arbeitet das Unternehmen in gestaffelten Imagekampagnen konsequent daran, das von Tradition geprägte Außenbild durch neue Schlüsselthemen wie Innovationskraft, Zukunftsfähigkeit und Internationalität zu besetzen. Mit Erfolg: Anlegerumfragen attestieren dem Unternehmen heute, »innovativ« zu sein und »in Zukunftsmärkten« zu agieren. Damit ist das »Außenziel« erreicht.

Durch die Integration von Öffentlichkeitsarbeit und Mitarbeiterkommunikation wurden die Mitarbeiter gleichzeitig auf das neue, auf Innovation ausgerichtete Leitbild eingeschworen und konnten so als Multiplikatoren und Botschafter des Unternehmens gewonnen werden. Damit erreicht ThyssenKrupp auch das »Innenziel«, also die weitere Förderung einer starken Innovationskultur.

Die Potenziale einer professionellen *Innovationskommunikation* zur Förderung von Innovationsimage und Innovationskultur sind heute noch nicht ausgereizt. Wollen Unternehmen nicht in die Falle laufen, das Thema zu oberflächlich anzugehen, sich damit in das Konzert der inflationären Nutzer des Innovationsbegriffs einzureihen und somit letztlich an Glaubwürdigkeit zu verlieren, gibt es nur einen Ausweg: »echte« Innovationen als Vehikel zu nutzen und diese »griffig« und anwendungsorientiert darzustellen.

Visionen selbst können nur im Kontext mit dem Unternehmen und seinen Mitarbeitern bewertet werden. Sie sind kein Selbstzweck. So treffend eine Führungsaussage auch formuliert ist, so stringent der Prozess der Formulierung auch aufgesetzt wurde, so akzeptiert das Leitbild bei Führung wie bei Mitarbeitern auch ist, letztlich zählt nur eines: Hilft das Leitbild, eine exzellente Innovationskultur zu schaffen? Ermutigt die Vision die innovativen Kräfte des Unternehmens, ihre Kreativität maximal zu entfalten? Letztendlich sind es die Mitarbeiter auf allen Ebenen, die ein Unternehmen ausmachen. Maschinen und technische Ausstattung sind totes Kapital, wenn nicht begeisterungsfähige und begeisterte Mitarbeiter ihre gesamte Kreativität auf die Unternehmensvision ausrichten.

Horizonte erweitern – Wissen vernetzen

»Nur Individuen können weise sein. Organisationen sind im günstigsten Fall gut konzipiert.«
Peter Sloterdijk

»Zentralistische Kreativität« trägt nicht mehr

Die Zeitreise durch die moderne Wirtschaftsgeschichte bringt eine Reihe von Persönlichkeiten hervor, deren Name untrennbar mit großen Innovationen und dem Aufbau erfolgreicher Unternehmen, gar ganzer Industriezweige, verbunden ist: Thomas Alva Edison, Otto Lilienthal, Gottlieb Daimler und Carl Benz, Carl Zeiss, Werner von Siemens, Wernher von Braun, Konrad Zuse, Henry Ford – die Liste ließe sich beliebig verlängern.

Mit diesen Beispielen ist auch das Merkmal einer ganzen Entwicklungsepoche gekennzeichnet: der hohen Zentralisierung der Entwicklungsarbeit, die Konzentration der Kreativität. Gefördert durch das Arbeitsparadigma der Arbeitsteilung haben sich Aufgabenstrukturen im – heute so genannten – Innovationsprozess herausgebildet, die teilweise bis heute Gültigkeit haben: Der Bereich Forschung und Entwicklung ist für »das Neue« verantwortlich, die Produktion erstellt nach diesen Vorgaben, und Marketing und Vertrieb sorgen für Markteinführung und Umsatz. Das mag auf den ersten Blick plakativ, vielleicht auch verkürzend, erscheinen, aber: Es entspricht in vielen Unternehmen noch schlicht der Realität.

Die Frage »Was kann unser Unternehmen an neuen Produkten erfinden?« wird in solchen Strukturen nach wie vor zunächst dem Forschung-und-Entwicklungsbereich, vielleicht noch dem Marketing, gestellt. Eine Innovationskultur im Sinne einer breiten Kreativitätsbasis in der Organisation kann sich so kaum ausbilden. Die klassische Arbeitsteiligkeit im Innovationsprozess lässt sich auch gut an der Entwicklung der Forschung-und-Entwicklungsbereiche ablesen: Die großen zentralen

Forschungs- und Entwicklungseinheiten spielen in solchen Strukturen eine wichtige Rolle. Viele Unternehmen steckten sehr viel Geld in den Auf- und Ausbau einer großen zentralen Forschungs-und-Entwicklungseinheit. Sie war das Schmuckstück, der Stolz des Unternehmens. Nicht selten waren Grundlagenforschung und Anwendungsentwicklung unter einem auch räumlich zentralisierten Dach.

Das Paradigma »zentralisierter Kreativität« musste in den letzten Jahren jedoch schrittweise zurückgenommen werden: Extreme Markt- und Kundennähe, international unterschiedliche Anforderungen, die weitgehende »Commoditisierung« von Technologien, knallharte Vorgaben für Time-to-Market und Produktqualität kennzeichnen das Anforderungsbündel, das durch die konventionelle Arbeitsteilung im Innovationsprozess nicht mehr erfüllt werden kann. Zentrale Forschungs-und-Entwicklungsbereiche sind vielfach dezentralen, internationalen Labors gewichen, die miteinander und mit der »Scientific Community« in enger Beziehung stehen.

Verändert hat sich aber vor allem, dass Innovationen heute nicht mehr alleine aus der Kreativität eines einzelnen Bereichs oder gar Einzelner getrieben werden. Sie sind ein Ergebnis einer neuen Qualität von Vernetzung, und zwar innerhalb des Unternehmens, als auch insbesondere mit Kunden, Lieferanten, Design-Schmieden, Vor- und Querdenkern und allen anderen, die Impulse für Neues setzen können.

Was heißt das konkret für die Organisation dieses Netzwerks? Die entscheidende Anforderung, um mit einer hohen Wahrscheinlichkeit zu einem Erfolg zu kommen, besteht darin, Prozesse und Strukturen so aufzusetzen, dass sie die »Kreativitätsimpulse«, die eine erfolgreiche Visionsbildung und Visionsvermittlung gesät haben, nochmals verstärken. Das Top-Management muss dafür sorgen, dass die leistungsbereiten Mitarbeiter in Prozessen und Strukturen arbeiten, die gleichermaßen zielorientiert und effizient aufgesetzt sind und die Begeisterung bei den Mitarbeitern stärken und erhalten. Kann man kollektive Kreativität überhaupt organisieren?

»Wenn wir von Innovationen sprechen, haben wir immer drei Achsen vor unserem geistigen Auge: Prozesse, Strukturen und Mitarbeiter. Prozesse und Strukturen sind nachvollziehbare Dinge. Mitarbeiter sind etwas Softes. Da spricht die Emotionalität und nicht die Analytik.« *Siemens*

Andersherum gesagt, Strukturen und Prozesse kann man mit einem analytischen Instrumentarium ermitteln und aufsetzen. Unter Einbezug der Mitarbeiter kommt die softe, die psychologische Komponenten hinzu.

Die Entwicklung einer Innovationskultur in einzelnen Unternehmen muss all diesen Betrachtungsebenen auf ganz eigene Weise gerecht werden. Die Regel »one size fits all« gilt bestimmt nicht. Aber es lassen sich gemeinsame Grundmuster und Erfolgsfaktoren erkennen, die den Erfahrungen der Gestalter von Innovationen und Innovationskulturen entstammen.

Die Zukunft gehört dem Innovationsnetzwerk

Internes Silo-Denken ist passé

Jede Organisation muss Abteilungen bilden, um ihr Geschäftsmodell zu strukturieren. Diese Abteilungsbildung muss aber atmen, sie muss lebendig sein, sie darf nicht zu verkrusteten Strukturen führen. Seien wir ehrlich. Die wenigsten Unternehmen erfüllen heute diese Anforderung zu hundert Prozent. Bei den meisten Unternehmen gibt es genau hier Potenzial. Umso wichtiger ist es, alle Hebel und Register zu ziehen, um den Status quo zu verändern und zu verbessern.

Eine Innovationsorganisation – Marketing, Forschung & Entwicklung, Produktmanagement, Supply-Chain, Sales – darf sich heutzutage nicht mehr als Organigramm begreifen, die eine Aneinanderreihung von Kästchen ist, die genau gegeneinander abgegrenzt sind. Das Silo-Denken der Vergangenheit hat sich überlebt. Seine Effizienznachteile für die Gesamtorganisation, seine ausgrenzende Wirkung auf die, die nicht Teil des Silos sind, schaden dem Unternehmen und behindern die Entfaltung von Kreativität. Oftmals verhindern sie die Entfaltung von Kreativität. Eine gute Innovationskultur integriert und grenzt nicht ein. Eine gute

Innovationskultur bringt Menschen in einer durchlässigen und transparenten Struktur zusammen.

»Transparenz und Durchlässigkeit sind ein absolutes Muss. Es ist bei uns für Manager kein Erfolgskriterium, wenn sie Mitarbeiter lange an sich gebunden halten. Es ist ein Kriterium, wenn Mitarbeiter, die in ihrem Bereich gut sind oder waren, weiterbefördert werden und sich woanders im Konzern gut weiterentwickeln.« *Alcatel*

Eine Organisation lebt. Was spricht dagegen, wenn ein Mitarbeiter von Forschung & Entwicklung für einige Jahre Aufgaben »an der Marktfront« übernimmt? Muss der Controller immer im Controlling arbeiten? Sicherlich nicht. Einige Jahre im Außendienst werden ihm viele neue Erkenntnisse für sein angestammtes Arbeitsfeld geben. Ein Aufenthalt eines Mitarbeiters aus Forschung & Entwicklung in einer Sales-Einheit wird die Sensibilität für deren Aufgabenstellung geben. Und er wird vielleicht Kanäle möglicher Rückkopplungsschleifen von den Kunden in die frühe Phase der Entwicklung sehen, die seinen Sales-Kollegen verborgen bleiben, weil sie aufgrund ihrer Aufgabenstellung die Antennen hierfür nicht entwickelt haben. Die Durchlässigkeit zwischen Abteilungen bietet Erkenntnisgewinn. Schon alleine deshalb kann sie motivationsfördernd wirken. Aber diese gewollte Durchlässigkeit bietet noch weitere Vorteile. Menschen lernen einander zu verstehen und aus diesem Verständnis heraus die Aufgabe und Leistung des anderen neu zu bewerten und zu respektieren.

Die effizienteste Form, diesen gegenseitigen Respekt vor dem anderen und dem Tun des anderen zu erzielen, liegt in der Etablierung und dem Zulassen von Netzwerken. Menschen, die in Netzwerken denken und arbeiten, betrachten die Organisation als das, was sie sein muss: Eine Struktur, die Innovationen auf jede Art und Weise fördern soll, damit die Grundlage für dauerhaftes organisches Wachstum gelegt ist.

»Wir können Silo-Denken verändern, indem wir die Mitarbeiter möglichst breit aufstellen und indem wir gezielt Kenntnisse über andere und über anderes schaffe.« *Alcatel*

Jedes Unternehmen hat die Chance, über die Etablierung und Zulassung von Netzwerken eine ungemein hohes Mobilisierungspotenzial für Leistungsbereitschaft zu heben. Netzwerke bilden Vertrauen. Sie legen die Grundlagen für ein Wir-Gefühl. Netzwerke müssen offen sein. Die Pervertierung des Netzwerkgedankens ist das Bilden von Seilschaften. Der Grat zwischen Netzwerk und Seilschaft ist manchmal schmal. Umso wichtiger ist es, dass das Top-Management alle Anstrengungen unternimmt, damit die positiven Eigenschaften der Netzwerke hier nicht konterkariert werden. Wie bilde ich Netzwerke richtig? Welche Möglichkeiten gibt es überhaupt, Netzwerke zu etablieren? In welche Richtung kann ich Netzwerke bauen?

»Netzwerke bauen ist eine sehr wichtige Aufgabe. Das Gegenteil davon, das Silo-Denken führt zum Not-Invented-Here-Syndrom. Außerdem verstärkt Silo-Denken den internen Wettbewerb, aber in einem sehr ungesunden Sinn. Da findet dann das, was andere gemacht haben, keine Anerkennung. Was immer ein Unternehmen dazu beitragen kann, Netzwerke zu errichten und zu stabilisieren, sollte es tun. Das ist eine Grundvoraussetzung für eine gute Innovationskultur.« *SAP*

Ein erster Schritt: Informelle Netzwerke fördern

Netzwerke sind keine Struktureinheiten, die ein Unternehmen anordnen kann. Ein Unternehmen kann jederzeit eine neue Abteilung gründen, ihr Raum, Personal und ein Budget zuweisen. Dann wird ein Schild neben die Tür gehängt und voilà – die neue Abteilung steht. Im Idealfall geht das in wenigen Wochen oder sogar Tagen. Eine Abteilungsbildung kann man planen und durchführen. Aber bei einem Netzwerk geht das nicht so einfach.

Aus dieser Erkenntnis muss die Schlussfolgerung abgeleitet werden, dass Netzwerke Zeit brauchen, um zu wachsen. Aber das Unternehmen kann sehr viel dazu tun, dass die Zeitspanne möglichst kurz ausfällt. Es kann auch formal viel dazu beitragen, dass die Möglichkeit zur Netzwerkbildung da ist. Im einfachsten Fall stellt ein Unternehmen Mittel, Raum und Zeit zur Verfügung, um den Aufbau von Netzwerken zu ermöglichen. Und es muss ein klares Commitment seitens des Top-Managements geben, dass Netzwerkbildung gewünscht ist. Mitarbeiter werden schnell ein Gefühl dafür entwickeln, ob es sich bei der Aufforderung zur Bildung von Netzwerken um ein Lippenbekenntnis handelt oder ob dafür tatsächlich Ressourcen bereitgestellt werden.

»Innerhalb unseres Unternehmens suchen und fördern wir den engen und regelmäßigen Austausch zwischen den unterschiedlichen Bereichen. Das bringt uns oft auf ganz neue Ideen: Ein Gaszylinder sah hundert Jahre gleich aus. Es gab einen Zylinder und einen Druckminderer, und das war es. Bis ein Marketing-Ingenieur aus unserem Haus uns allen aufzeigte, dass es auch hier noch einiges zu verbessern gibt. So ein Gaszylinder muss doch noch sicherer zu gestalten sein und mehr Service für den Kunden bieten können. Aus diesem Einwand wurde binnen einen Jahres die »Flasche mit Köpfchen«. Der Druckminderer ist jetzt integriert, die Flasche kann komfortabel bedient und transportiert werden und der Kunde bekommt nun eine Fülle von Zusatzinformationen beispielsweise über Restbestände im Zylinder: Eineinhalb Jahre nach der Idee des Ingenieurs haben wir diese Zylinder bereits in halb Europa erfolgreich eingeführt.« *AIR LIQUIDE*

Das Unternehmen kann regelmäßige Foren einrichten, in denen sich Kollegen fachübergreifend begegnen und kommunizieren können. Diese Foren können einen formalen Teil enthalten, zum Beispiel einen Vortrag über ein dem Unternehmen wichtiges Thema. Nach dem Vortrag können die Teilnehmer zunächst in einer formal geführten Diskussion sich austauschen und dadurch ein wenig kennen lernen. Danach sollte unbedingt Zeit für einen ungezwungenen Gedankenaustausch im kleineren Kreis möglich sein. Je mehr solcher Foren ein Unternehmen anbietet, desto mehr Kontaktfläche wird dem einzelnen Kollegen ermöglicht. Selbst darüber, wann solche Foren stattfinden, sollte sich ein Management Gedanken machen. Entweder konkurriert die dafür aufzuwendende Zeit mit der Arbeitszeit oder mit der Freizeit. Findet das Forum in der Freizeit statt, setzt dies eine hohe Motivation der Mitarbeiter voraus. Findet es in der Arbeitszeit statt, sollte es möglichst nicht mit generellen Arbeitsabläufen in Konflikt stehen. Es ist wichtig, dass Mitarbeiter aus höheren Ebenen des Managements dabei sind, um die Wichtigkeit der Netzwerkbildung zu unterstreichen und hier auch für das aktive Networking zur Verfügung zu stehen. Insbesondere für eine hierarchieübergreifende und abteilungsübergreifende Netzwerkbildung eignen sich interne Foren.

»Wir bieten unseren Führungskräften und Mitarbeitern auch außerhalb des Tagesgeschäfts Plattformen für Begegnungen an. Das fängt bei unserem firmeneigenen

Fitness-Club an und zieht sich über viele andere, vor allem sportliche Teamaktivitäten, wie den Keiper-Recaro-Triathlon in Roth, hin. Das wird hervorragend angenommen, macht allen Spaß, fördert die Leistungsbereitschaft und schweißt auch im Beruf zusammen« *Keiper-Recaro*

Die Einrichtung solcher Plattformen ist vor allem für solche Unternehmen sehr wichtig, die mit Standortnachteilen zu kämpfen haben. Um High Potentials heute zu einem Wechsel in abgelegene, vom regionalen Freizeitwert her weniger attraktive Gebiete zu bewegen, bedarf es zunehmend eines Bündels an »Benefits« für die Mitarbeiter und deren Familien, die von den Unternehmen bereitgestellt werden müssen.

Eine weitere Stufe der informellen Netzwerkbildung ist die Möglichkeit, in anderen Abteilungen oder Standorten eingesetzt zu werden. Dies kann für einen reinen Informationsaufenthalt stattfinden oder im Rahmen eines Projektes. Auf jeden Fall sollte nicht nur das Unternehmen auf den Mitarbeiter zukommen und ihm dies im Einzelfall nahelegen. Im Rahmen einer guten Unternehmens- und Innovationskultur sollte auch der Mitarbeiter die Möglichkeit haben, entsprechende Wünsche adressieren zu können. Wenn ein Mitarbeiter gute Gründe dafür nennen kann, warum es für ihn und seine tägliche Arbeit wichtig ist, einen anderen Bereich und damit auch andere Personen im Unternehmen kennen zu lernen, so spricht nichts dagegen. Im Gegenteil: Das Engagement dieses Mitarbeiters muss unterstützt werden.

»Unsere Mitarbeiter, die mit Innovationen befasst sind, arbeiten an verschiedenen Orten und Ländern. Wir haben daher als erstes Unternehmen in Deutschland einen Unternehmens-Web-Blog eingeführt, in dem Mitarbeiter offen im Intranet über ihre Arbeit schreiben und berichten können. Und das alleine führt schon dazu, dass der offene Umgang auch gelebt wird von allen und dass die Leute sich gegenseitig informieren, was sie so machen – Mitarbeiter verschiedener Abteilungen können einfach über ihre Arbeit berichten. Das wird viel genutzt. Und es geht auch darum, dass die Mitarbeiter mit Verbrauchern kommunizieren und so direkt interessante Anregungen bekommen.« *Frosta*

Die Motivation des Mitarbeiters steigt ebenso, wie seine Quellen, in Zukunft rascher und gezielter an Wissen zu kommen, sich vermehren. Netzwerkbildung kann auch ein gezieltes Instrument der Personalentwicklung sein. Insbesondere in Entwicklungsprogrammen für die Managementausbildung kann dieser Entwicklungsschritt gezielt eingebaut werden.

Interdisziplinarität und Internationalität entwickeln

Wenn ein Unternehmen gezielt Netzwerke errichtet, ist es eine weitere Bereicherung, dass interdisziplinäre Kommunikationskanäle entstehen können. Aus der Interdisziplinarität heraus entstehen oftmals visionäre Gedanken. Nur derjenige, der weiß, was in anderen Bereichen gerade gedacht wird, kann prüfen, ob Instrumente oder Ergebnisse der Kollegen auch auf seine Problemstellung passen. Oder er kann eventuell einen Beitrag leisten, dass die Kollegen ihr Problem schneller lösen können. Und die dritte Variante: Vielleicht lassen sich völlig neuartige Ideen gemeinsam entwickeln.

»Wir versuchen, geschäftsübergreifend und branchenübergreifend radikale Innovationen zu initiieren. Also beispielsweise zwischen unseren Geschäftseinheiten, die sich mit Bergbau beschäftigen, und denen, die sich Themen rund ums Wasser widmen. Wenn man da tiefer in die Themen einsteigt, findet man technologische Gemeinsamkeiten. Wenn man die bereits zu Anfang eines Prozesses formuliert, führt das zu Synergien. Dieses Verständnis voneinander bekommen wir aber nur über Netzwerke hin. Das ist die Methodik.« *Siemens*

Erst das gegenseitige Verstehen führt zu einem gemeinsamen Ansatz. Interdisziplinär gestaltete Netzwerke können hier der Nukleus für solch ein Verständnis und daraus resultierende Produkte sein. Die Vorteile von interdisziplinärer Netzwerkbildung liegen auf der Hand. Zugang zu Wissen wird ermöglicht, wo vorher gar nicht berücksichtigt wurde, dass es welches gibt. Die Motivation für die Mitarbeiter, über den eigenen Tellerrand, die eigene Fachdisziplin hinaus zu schauen, ist ebenfalls groß. Das führt zu Wissenszuwachs und damit auch zu besseren Perspektiven für die eigene Karriere. Und für das Unternehmen an sich bringt dieser Ansatz der interdisziplinären Netzwerkbildung die große Chance, Innovationen zu generieren, die die Konkurrenz nicht einmal im Auge hat, weil sie nicht weiß, dass es solche Ansätze gibt.

»Interdisziplinarität ist eine unserer wichtigsten Innovationsquellen. In unserem Unternehmen arbeiten Ingenieure, Mathematiker, Physiker, Biologen, Landwirte und natürlich Chemiker in Forschung und Entwicklung zusammen. Kein anderes Unternehmen hat eine so breite Technologiebasis: Von der Gentechnik bis zu Polymerchemie und Pflanzenbiotechnologie haben wir alles unter einem Dach. Vielleicht gelingt es, künftig die Herstellung von Kunststoffen in Pflanzen zu bewerkstelligen.« *BASF*

»Die Interdisziplinarität ist ein wichtiger Treiber der Innovationskultur. Manchmal ist es die ›Interdisziplinarität‹ zwischen Mann und Frau, die weiterführt. Frauen und Männer haben nun einmal unterschiedliche Denkansätze. Manchmal ist es die Interdisziplinarität zwischen Biologie, Chemie und Physik, manchmal zwischen Wissenschaft und Engineering. Aus diesen interdisziplinären Netzen kommen häufig ungewöhnliche Beiträge heraus.« *Qiagen*

Alle Unternehmen, die erkennen, dass eine breite Aufstellung erhebliche Möglichkeiten bietet, Innovationen anzuregen, werden die Bildung von interdisziplinären Netzwerken fördern. Es lohnt für Mitarbeiter wie für das Unternehmen. Und es ist Zeichen einer reifen Innovationskultur.

»Wir bringen jedes Jahr ein Team von 30 bis 50 Top-Leuten zusammen, die aus ganz unterschiedlichen Bereichen kommen. Da ist zum Beispiel ein Vertriebsleiter aus Argentinien, da ist ein Finance Officer aus Japan und so weiter. Alle Personen arbeiten dann ein halbes Jahr in einem interdisziplinärem Projekt, in das auch eine externe Managementschule involviert ist. Zunächst wird daran gearbeitet, auf einer strategischen Ebene eine gemeinsame Sprache zu finden. Dann wird daran gearbeitet, Wertschätzung für den anderen und vor der Arbeit des anderen zu entwickeln. Als Resultat entstehen Netzwerke, die über die Region und über den eigenen Bereich hinausgehen. Auf dieses Netzwerk können die Kollegen immer wieder zurückgreifen. Jeder, der da durchgegangen ist, weiß, wozu es gut ist.« *SAP*

SAP hat von Anfang an im Rahmen seines Wachstums auf den Netzwerkgedanken zurückgegriffen und ihn weiterentwickelt. In früheren Zeiten der Unternehmensentwicklung war dies sogar zum Teil überlebenswichtig, da SAP auch Phasen weitgehend locker strukturierten Wachstums hinter sich gebracht hat. »Wir hatten bis vor kurzem kein Organigramm«, sagt SAP. Stabile Netzwerke haben dieses Fehlen formaler Organisation kompensiert und dabei wahrscheinlich einen besseren Dienst geleistet, als ein schlichtes Organigramm das hätte tun können.

Gerade für große Unternehmen wie SAP oder Siemens und BASF

ist der Netzwerkgedanke von entscheidender Bedeutung. Alleine bei Siemens arbeiten weltweit 47000 F&E-Mitarbeiter an den unterschiedlichsten Projekten. Und die Internationalisierung schreitet mit großen Schritten voran. 1995 erzielte Siemens einen Umsatz von 45,4 Milliarden Euro, 43 Prozent wurden davon im Inland erzielt. Von den damals 373000 Mitarbeitern kamen 57 Prozent aus Deutschland. Das Bild hat sich stark gewandelt. 2005 erzielte Siemens einen Umsatz von 75,4 Milliarden Euro. Nur noch 21 Prozent davon kommen aus Deutschland. Von den inzwischen 462000 Mitarbeitern kommen nur noch 36 Prozent aus Deutschland. Die Internationalisierung des Geschäftes zieht auch eine Internationalisierung der Forschung und Entwicklung nach sich. Die Nähe zu den Kunden, die Nähe zur Fertigung sind entscheidende Faktoren für den Erfolg vor Ort. Das alles legt ein großes Gewicht auf eine rasche und erfolgreiche internationale Netzwerkbildung im Siemens-Konzern.

Als Führungskraft aktiv daran zu arbeiten, Netzwerke aufzubauen und zu verankern, erfordert eine hohe Motivation. Letztendlich ist es die persönliche Begeisterungsfähigkeit und Motivationskraft, die zum Erfolg führt. Die vorgelebte Glaubwürdigkeit reizt zur Nachahmung. Und nur so kann die Netzwerkbildung gerichtet und wie eine Kaskade den gesamten Konzern durchdringen. Wenn von 100 bis 150 Kollegen im Netzwerk eines Konzernbereichsleiters für Innovation jeder wieder über ein ähnlich großes Netzwerk verfügt, und jeder mit der gleichen Begeisterungsfähigkeit und Motivation an diese Aufgabe geht, gelingt eine internationale Netzwerkbildung möglichst rasch.

Eine zusätzliche, etwas andere Variante findet sich bei dem größten Chemieunternehmen der Welt, der BASF. Die BASF ist als historisch gewachsener Chemiekonzern ein Verbundstandort. Seinen Ursprung hat der BASF-Verbund im Stammwerk in Ludwigshafen. Dort wurden bereits Ende des 19. Jahrhunderts integrierte, das heißt vernetzte Produktionsstrukturen entwickelt. Die Vernetzung von Produktionen, Energie- und Abfallströmen, gemeinsamer Logistik und Infrastruktur bezeichnet die BASF als charakteristisch für sich. Heute ist die BASF mit über 8000 Verkaufsprodukten in über 170 Ländern tätig. Die 81000 Mitarbeiter der BASF werden vom Stammwerk in Ludwigshafen in einem Informations- und Wissensverbund geführt. Für die Netzwerkbildung hält BASF eine Vielzahl von formalisierten Programmen bereit, vom europäischen Austauschprojekt für Auszubildende bis zu den bekannten Managementprogrammen.

»Netzwerke sind eine wichtige Basis für Forschung und Entwicklung. Diese sind interdisziplinär und global ausgerichtet. In unseren Forschungslabors stellen wir inzwischen über 30 Prozent ausländische Wissenschaftler ein.« *BASF*

Da die BASF aus historischen Gründen ihren Verbundstandort nun einmal in Ludwigshafen hat, wurde beschlossen, die Internationalität ins Haus zu holen. Ein Drittel der Naturwissenschaftler in Ludwigshafen ist nicht aus Deutschland. Das ist eine Zahl, die die ausländischen Kollegen nicht zu einer exotischen Minderheit macht, sondern zu einer wichtigen Größe in Ludwigshafen. Ihre Mentalität, ihre Herangehensweise hilft, andere Denkarten kennen zu lernen und respektieren zu lernen. Und wenn diese Mitarbeiter in anderen Funktionen in den weltweiten BASF-Konzern entsendet werden, wird ein Stück Netzwerkbildung hier exportiert.

»Nobody is perfect, but teams can be«

Eine Prozesskette gemäß der klassischen und heute überlebten Innovationsmanagementtheorie ist wie eine Einbahnstraße aufgebaut. Am Anfang der Innovationskette sind die Ideengeber, die kreativen Köpfe. Am Ende dieser Entwicklungskette stehen die Verkaufsexperten des Unternehmens: die »Marktleute«. Im Schlechtesten aller denkbaren Fälle wird eine ursprüngliche Idee von Bereich zu Bereich weitergereicht, bis eines Tages der Verkauf vor einem neuen Produkt steht und sich Gedanken machen muss, welcher Kunde dieses Produkt eventuell gebrauchen könnte und welchen Preis er heute – nach einer langen Time-to-Market – noch bereit ist zu zahlen.

Innovationsteams sind immer interdisziplinär

In Top-Unternehmen sorgt das Management dafür, dass von Anfang an Vertreter aller in den Prozess involvierten Abteilungen in einem strukturierten Gedankenaustausch stehen. Zu Beginn eines Projektes, in Phase Eins, haben die Ideengeber, die »Kreativen« das Übergewicht in dem Projektteam: Marketeers, Designer, Ethnologen, Ökologen, Anthropologen, Technologen und Vertreter von Kundengruppen beleuchten die Aufgabe und die Lösungsmöglichkeiten aus ganz unterschiedlichen Perspektiven. Wenn eine Organisation nur noch aus Mitarbeitern besteht, die »gestreamlined« sind, werden diese kreativen Typen herausgedrängt. Danach bekommt man nur noch Durchschnitt, aber keine Spitzenleistungen.

Über den Zeitablauf ändert sich gewöhnlich die Zusammensetzung eines Projektteams. Und schon von Anfang an müssen Vertreter der kommenden späteren Umsetzungsphasen mit am Tisch sitzen. Ihre Expertise kann wichtige Impulse für das Projekt vom ersten Tag an generieren.

»Auch Produktion und Einkauf sind in einem sehr frühen Stadium in das Innovationsprojekt integriert. Und dann ziehen wir je nach Projekt noch externe Fachexperten zur Lösung spezifischer Probleme hinzu. Diese Zusammenstellung eines Teams muss man optimieren. Sonst treibt man nur die Kosten hoch, und es kommt nichts Vernünftiges dabei heraus.« *Wilo*

Wichtig ist natürlich auch, ob die Mitarbeiter von der »Verkaufsfront« von den Ideen begeistert sind. »Wunderbar. Wenn ihr diese Idee technisch realisieren könnt, werden uns die Kunden das Haus einrennen!« Wenn diese Bewertung von Seiten des Verkaufs kommt, stimmt die Richtung. Und es motiviert alle Beteiligten des Teams, weil sie sozusagen den ersten Kunden schon vor sich haben: den eigenen Vertrieb, der es nicht erwarten kann, dass die Idee Realität wird. Neben den genannten Aspekten hat ein von Anfang richtig zusammengestelltes Team weitere Vorteile. Aufgrund der Durchlässigkeit zwischen und dem Zusammenspiel von Abteilungen tritt ein hohes Maß an Effizienzsicherung ein. Durch die unterschiedlichen Erfahrungswerte werden verschiedene potenzielle Fehlerquellen und Hürden frühzeitig gescreent und idealerweise vermieden. Das Team, das von Projektbeginn an cross-funktional zusammengestellt ist, hat die größten Chancen, aus einer Idee rasch eine marktgängige Innovation zu gestalten.

Wie kann so etwas praktisch organisiert werden? Haben die Mitarbeiter bei so viel Projektarbeit und Teamstrukturen noch eine organisatorische Heimat? Der Aufbau einer Forschungseinheit aus einem Automobilkonzern zeigt eine mögliche Blaupause. Im Kern sind immer zwei Kompetenzachsen für den Innovationserfolg erforderlich: Höchste technologische Kompetenz – manche Unternehmen nennen diese Felder auch technologische »Core Competencies« – einerseits. Und »Marktkompetenz« andererseits, die die Technologie »emotionalisiert«. Wichtig ist, dass nur das simultane Zusammenwirken beider Dimensionen wirksam und effizient ist. Eine Matrix-Organisation ist die Konsequenz. Horizontal die Technologen, deren Verantwortung im Kern in der Bereitstellung führender Expertise ist. Und vertikal die aus Kundenbedürfnissen abgeleiteten Markteinheiten. Beide Dimensionen verfügen über entsprechende Ressourcen. Projekte werden immer in der Matrix »gespielt«, d. h. jedes Projekt hat einen klaren Marktbezug und wird mit erstklassiger technologischer Kompetenz besetzt.

Solche Innovationsstrukturen, wie Teamstrukturen insgesamt, sind nicht nur besser und schneller, sie sind auch eine ganz wesentliche Plattform einer leistungsfähigen Innovationskultur eines Unternehmens.

Innovationsteams steuern

Ganz wesentlich ist jedoch, für Klarheit bei den Zuständigkeiten im Projektteam zu sorgen. Der Teamleader, der je nach organisatorischer Ausgestaltung des Unternehmens selbst vom Top-Management oder beispielsweise vom Chief-Technology-Officer (CTO) ernannt ist, sollte eine weitgehende Freiheit bei der Auswahl seiner Team-Mitglieder haben. Bei Vorschlägen von anderen Abteilungen zur Besetzung eines cross-funktionalen Teams sollte er über die letztendliche Kompetenz verfügen, Personen auch abzulehnen.

Der Team-Leader ist der Project-Owner. Idealerweise begreift er sich und seine Funktion nicht als verlängerten Arm der Entscheidung des

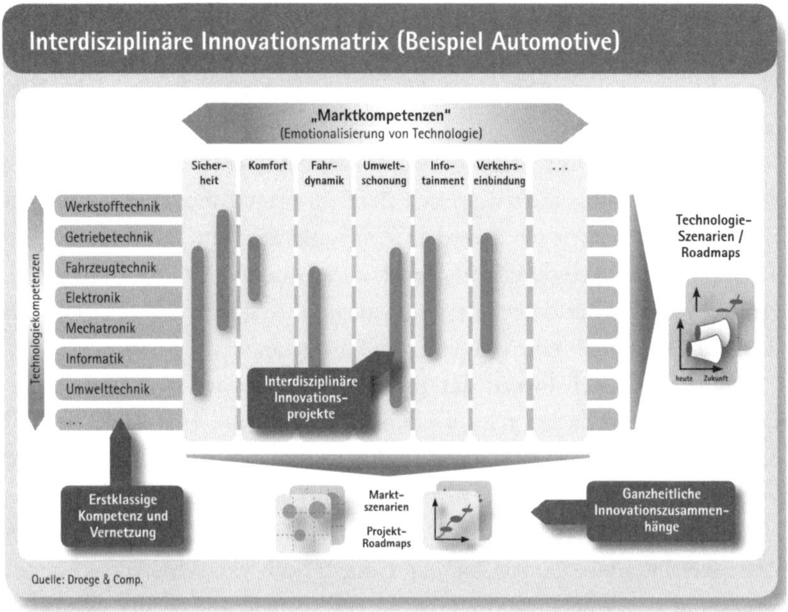

Interdisziplinäre Innovationsmatrix (Beispiel Automotive)

Quelle: Droege & Comp.

Top-Managements. Er sollte sich als Start-up-Unternehmer begreifen. Es ist seine Idee, es ist sein Projekt. Je mehr Leidenschaft er für die Projektidee entwickelt, umso eher gelingt es ihm, diese Leidenschaft auf sein Team zu übertragen. Im Team muss ebenfalls für klare Verantwortlichkeiten gesorgt sein. Das kann manchmal schwierig sein, wenn Teammitglieder in cross-funktionalen Teams nur zeitweise eingesetzt sind und in ihren eigentlichen Abteilungen auf unterschiedlichen Hierarchiestufen eingesetzt sind, im Team aber auf einer Stufe arbeiten oder sogar unter »umgekehrten Vorzeichen« im Innovationsprozess arbeiten sollen. Es ist Aufgabe des Teamleaders, solche Punkte zu berücksichtigen und von Anfang an Kompetenzstreitigkeiten zu vermeiden.

Innerhalb des zeitlichen Ablaufs von Projekten ist auch von Anfang an möglichst klar festzulegen, wann die einzelnen Teammitglieder mit welchen Verantwortlichkeiten mit an Bord sind. Klare Regeln im Zusammenhang mit Verantwortlichkeiten tragen erheblich zum Projektgelingen bei. Sie sichern ein Höchstmaß an Effizienz. In einer guten Innovationskultur sollte es möglich sein, dass sich partiell beteiligte Teammitglieder auch außerhalb ihrer normalerweise im Unternehmen eingenommenen hierarchischen Rolle einbringen. Die Übertragung und Annahme von Verantwortung sollte hier projektbezogen und nicht funktionsbezogen gesehen werden.

Innovationsteams müssen gesteuert werden. Gerade in großen Unternehmen mit geschachtelten, in sich strukturierten Innovationsinitiativen ist es ganz erfolgskritisch, zu jedem Zeitpunkt absolute Transparenz über Themen, Ziele, Ressourcen und Fortschritt der Aktivitäten zu haben. Je größer und internationaler die Innovationsaktivitäten, desto dringender wird der Bedarf für einen »Leitstand«.

Bei SAP hat sich hierzu das Innovation-Syndicate als Klammer bewährt. Es sorgt dafür, dass die Kompetenzen und Impulse innerhalb des Unternehmens konsistent auf die Unternehmensziele ausgerichtet werden. Es stellt auch die Plattform dar, auf der sich alle mit Innovationen beschäftigten Teams über Regionengrenzen und Zeitzonen hinweg austauschen. Ideen lassen sich so systematisch erfassen, verteilen und durch die weltweiten Know-how-Träger schnell und sicher bewerten. Das Innovation-Syndicate wirkt so als Koordinator in einem weitgehend virtuellen, internationalen Netzwerk.

Internationale Teams – aber nur eine Innovationskultur

Eine cross-funktionale Zusammensetzung von Teams birgt große Chancen. Die Gruppendynamik von Teams stellt aber eine ganz andere Dimension von Anforderungen an die Sozialkompetenz, an die Teamkompetenz jedes Teammitglieds.

Es liegt an der Innovationskultur eines Unternehmens, in welcher Offenheit die Gespräche verlaufen. Es liegt an dem Grad des Verständnisses untereinander, wie rasch Probleme identifiziert und durch das gesamte Team gelöst werden. In einem Innovationsprozess ist gerade in der Frühphase »trial and error« angesagt. Je vernetzter die handelnden Personen miteinander sind, desto größer ist die Wahrscheinlichkeit eines offenen und vertrauensvollen Umganges miteinander – auch im Fall von Rückschlägen. Die genannten Anforderungen sind Bestandteile einer guten

Innovationskultur. Sie motivieren den Einzelnen im Team und sichern gleichzeitig die Effizienz des Gesamtprojektes. Es liegt auf der Hand, dass dies ein dynamischer Prozess ist, der auf der Grundlage vieler geschriebener und ungeschriebener Regeln erfolgt. Stammt das Team aus einem gesellschaftlichen Kulturkreis, spricht es eine Muttersprache, herrscht auch ein Set an Kommunikationsvereinbarungen, die alle sozusagen von selbst mit in den Teamprozess einbringen.

Die meisten Unternehmen sind heute aber international ausgerichtet. Ihre Teams sind in der Regel international besetzt. Und das ist gut so. Wer für den Weltmarkt produziert, muss den Weltmarkt kennen. Der Verkaufsleiter China kann einen anderen Blickwinkel und im Zweifel detailliertere Kenntnisse über den zukünftig immer wichtiger werdenden Absatzmarkt in das Projektteam einbringen als ein deutscher Mitarbeiter, der das Land nur von mehr oder weniger sporadischen Besuchen kennt. Der Produktionsleiter Korea weiß, welche spezifischen Besonderheiten bei dem später geplanten produktionstechnischen Roll-out in Korea zu beachten sind. Er kann hier früh die landesspezifischen Besonderheiten als Input mit in das Team einspeisen.

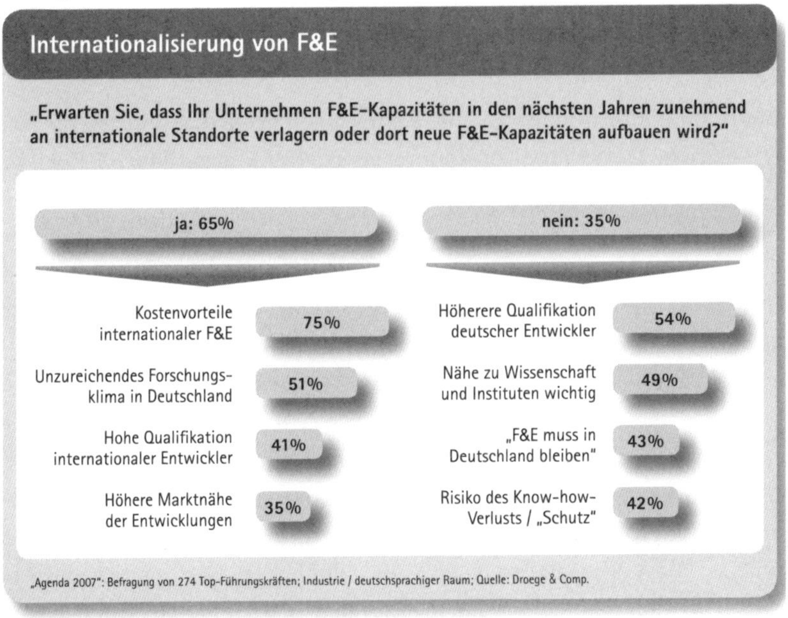

Blindes Verständnis ist vor allem dann gefordert, wenn Follow-the-Sun-Entwicklung betrieben wird: Motorola beispielsweise arbeitet in Drei-Schichten-Teams weltweit rund um die Uhr. Morgens beginnt ein Team in Europa und gibt die Ergebnisse der Arbeit an die Kollegen in den USA weiter. Von dort geht es nach Asien, um am kommenden Morgen weiter bearbeitet wieder in Europa anzukommen.

International agierende Unternehmen brauchen international zusammen gestellte Teams, die auf Basis klarer Unternehmensprozesse Hand in Hand miteinander arbeiten. Aber verstehen sie einander?

»Wir beobachten oft, dass Deutsche sich in einem engen Rahmen bewegen. Für fast jede Aufgabenstellung werden Ablaufpläne mit klaren Zielsetzungen erstellt. Dem französischen Kollegen ist Kreativität und Flexibilität viel wichtiger. Das kann zu Missverständnissen führen. Nehmen Sie das Wort »Konzept«. Bei erster Betrachtung spricht es sich für beide Mitarbeiter fast gleich aus, aber es stecken zwei unterschiedliche Welten dahinter, was das Verständnis anbetrifft. Der Deutsche sagt: Ich erstelle das Konzept unter den Kriterien, wer, wie, was, bis wann. Für den Franzosen bedeutet das Erstellen eines Konzeptes: Wir treffen uns und versuchen, im Dialog etwas zu erarbeiten. Der Deutsche könnte schnell das Gefühl bekommen, der Franzose habe sich auf das Treffen nicht vorbereitet. Der Franzose hingegen, der Deutsche habe ohnehin alles schon festgelegt und wolle ihn übergehen oder einengen.« *AIR LIQUIDE*

International zusammengestellte Teams potenzieren die Chancen für eine erfolgreiche Umsetzung von Innovationsideen in marktfähige Produkte. Aber die Quellen möglicher Missverständnisse aufgrund unterschiedlicher kultureller Gewohnheiten sind ebenfalls groß. Der viel größeren Chance steht ein größeres Risiko gegenüber. Das Top-Management muss hier die ganze Aufmerksamkeit darauf richten, dass Mitarbeiter lernen, sich gegenseitig kennen und schätzen zu lernen.

Die Palette der möglichen kommunikationsstörenden Elemente ist groß. Sie reichen vom puren sprachlichen Missverständnis und der unterschiedlichen Interpretation von Begriffen bis hin zu handfesten Vorurteilen, die es zu beseitigen gilt. So berichtete ein Top-Manager, dass es erhebliche Probleme gegeben habe, als das erste Werk in Polen errichtet wurde. Die Vorbehalte gegeneinander blockierten den Innovationsprozess. Das Unternehmen widmete sich intensiv der Lösung des Problems.

Sprachkurse und regelmäßige Treffen wurden eingerichtet. Der größte Erfolg wurde dadurch erzielt, dass deutsche Mitarbeiter nach Polen entsandt wurden und polnische Mitarbeiter in die Werke in Deutschland. Und zwar so viele Mitarbeiter wie möglich und nicht nur wie nötig. Die anfänglichen Vorurteile wichen rasch einer realistischen Betrachtungsweise und die Zusammenarbeit in den Projektteams funktioniert heute reibungslos.

»Die Denk- und Arbeitsweisen international zusammengesetzter Teams unterscheiden sich ganz erheblich. Hier sind interkulturelle Trainings wichtig, um eine gemeinsame Basis des Zusammenarbeitens zu schaffen.« *Wilo*

Unternehmen, die in internationalen Maßstäben denken und handeln, müssen den Faktor Multikulturalität aktiv angehen. Gemeinsame Schulungen, Austauschaufenthalte und international besetzte Projektgruppen sind die Mittel der Wahl. Das Denken in internationalen Teams gestattet, richtig gehandhabt, einen schnelleren und breiteren Zugang zu Wissen und erhöht die Effizienz des Innovationsprozesses. Die Innovationskultur im Unternehmen bekommt durch diesen »one firm«-Ansatz eine ganz neue Qualität.

»Schutz von Keimlingen«: Parallelorganisationen und Ventures

Kreativität birgt Risiko. Das ist gewollt. Wo gehobelt wird, da fallen Späne, sagt der Volksmund. Und wer Niederlagen nicht riskiert, wird auch keine Siege erzielen können, weil er gar nicht richtig zum Kräftemessen an den Start gegangen ist.

Wenn es um das Züchten von Neuem geht, können bestehende Organisationsstrukturen in gewissem Rahmen flexibilisiert werden, damit sie Kreativität und Umsetzung fördern und nicht behindern. Aber alle diese Punkte erfahren eine Grenze. Und zwar liegt die Grenze beispielsweise dort, wo sich das erwartete und geforderte Verhalten der Mitarbeiter, die für das Neue sorgen sollen, und der Mitarbeiter, die für Produktion und Verwaltung sorgen sollen, zu sehr unterscheiden müssen.

Für Großunternehmen wie zum Beispiel die BASF ist das Thema Innovation einerseits zentral, andererseits müssen diese Unternehmen auch vorsichtig damit umgehen. Innovation hat mit Fehlertolerierung zu tun. Aber die Gesellschaft erwartet, dass solche Unternehmen in der Produktion keine Fehler machen. Diese beiden Denkweisen – Fehlertoleranz in den innovativen Bereichen und Null-Fehler-Philosophie in den Produktionsbereichen – müssen unter einen Hut gebracht werden.

Was für Schlüsse können Unternehmen aus dieser Erkenntnis ziehen? Zum Beispiel, dass Innovationsvorhaben durchaus auch weg von der Konzernzentrale aufgesetzt werden können. Das schützt den »Keimling«, indem er nicht vom Apparat einer straffen Organisation aufgesogen wird, und es schützt die große Organisation, weil sie mit einem neuen, organisatorisch oftmals »querliegenden« Thema vielleicht noch nicht umgehen kann.

Die BASF hat daher beschlossen, in Heidelberg ein spezifisches »New Business Labor« zu eröffnen. Es gibt bereits weitere Labore, die bewusst außerhalb von Ludwigshafen angesiedelt sind. Die räumliche Distanz muss allerdings stimmen. Sie darf nicht zu weit sein, sonst haben die Mitarbeiter nur schlecht die Möglichkeit, auch einmal rasch zu einer Besprechung ins Stammwerk zu kommen. Andererseits darf es auch nicht zu nah sein, damit die sehr produktionsorientierte Atmosphäre der »BASF-Stadt« nicht zu Lasten der Entfaltung der Kreativität geht.

Die meisten Großunternehmen stehen vor dem Problem, Ideengenerierung in seiner frühesten Phase irgendwie mit der bestehenden Innovationsorganisation synchronisieren zu müssen.

Vielen gelingt es nicht. Ein Großunternehmen braucht eine straffe Organisation und klare Prozesse. Sie sind notwendig für die Steuerung des Tankers in den internationalen Märkten. Aus diesem Grund ist es ein echtes Dilemma, eine kreative und schöpferische Atmosphäre schaffen zu wollen für jene Mitarbeiter, die ganz vorne am Ideentrichter sitzen und ihren Input liefern sollen.

Die räumliche Separierung von beispielsweise »New Business Units« ist eine Lösung, auf der einen Seite die straffe Produktionsorganisation nicht in ihrer Funktionalität zu beeinträchtigen und auf der anderer Seite ein optimales »Inkubatoren-Klima« zu generieren.

Es gibt Unternehmen, die glücklicherweise entweder aufgrund ihres historisch gewachsenen Selbstverständnisses ohnehin über eine Art permanente Campus-Atmosphäre verfügen, oder die aufgrund ihres Produkts sich leichter tun, wie Software-Entwickler beispielsweise.

Eine räumliche Separierung eines solchen Unternehmens-Think-Tanks oder »New Business Parks« kann dauerhaft sinnvoll sein. Dann ist darauf zu achten, dass keine zu große Verselbstständigung eintritt und zumindest über die Führungskräfte eine enge Anbindung an die Konzernzentrale und ihre generelle Ausrichtung erfolgt.

Andererseits können räumliche Separierungen auch nur für zeitlich begrenzt Perioden erfolgen. Beispielsweise kann es sinnvoll sein, für ein großes Projekt die wichtigen potenziellen Inputgeber zusammenzubringen, und sie fernab des Unternehmens zusammenarbeiten zu lassen. Im Zentrum der Bemühungen muss im einen wie im anderen Fall stehen, eine optimale Atmosphäre für kreatives Denken und Handeln zu schaffen. Es geht darum, eine kreative und offene Innovationskultur mit diesen Maßnamen zu erreichen.

Wenn von Hunderten von Projektideen nur eines zum Markterfolg kommt, muss man sich als zuständiger Manager doch fragen, wie gehen wir mit der Floprate um? Und sowenig wie sich Kreativität mit starren Strukturen verträgt, so wenig möchten hocheffiziente Unternehmen, die ständig unter der Beobachtung der Kapitalmarktbeobachter und der Wirtschaftsjournalisten stehen, mit dem Wort Flop in Verbindung gebracht werden. Zu einer guten Innovationskultur gehört aber der professionelle Umgang mit Flops dazu. Genauso dazu gehört das Lernen aus Flops und der Anfang an einer neuen, noch besseren Idee. Große Organisationen tun gut daran, beide Welten auch hier zu trennen. Wer den Kopf frei hat und nicht ständig denken muss, dass Flops in der Organisation nicht vorgesehen sind, wird auch bessere Ergebnisse erzielen.

In dieser frühen Phase der Einbeziehung von Innovationsideen in den Konzerninnovationsprozess gibt es sowohl die Möglichkeit, eigene Ideen als Spin-offs zu behandeln oder ihnen den Status eines »internen Venture« mit allen dazugehörigen Freiheiten zu geben. Es gibt auch die Möglichkeit, dass eigene Venture-Capital-Gesellschaften Ideen außerhalb des Unternehmens suchen und sich dort gezielt beteiligen, um an innovativen Bewegungen in der Branche gezielt partizipieren zu können.

Ein separates In-Gang-Setzen dieser als sinnvoll erachteten Forschungsrichtung entfällt somit. Damit geht das Unternehmen auch der schwierigen Fragestellung aus dem Weg, wie es gelingen kann, eine Innovationsidee zu fördern, die ein Maximum an kreativem Spielraum benötigt, während das Unternehmen weitgehend straffen Prozessen folgt.

»Aus der Erfahrung der Zusammenarbeit mit Start-up-Unternehmen haben wir die BASF Venture Capital gegründet. Sie ist mit 100 Millionen Euro ausgestattet und investiert weltweit in chemiebezogene Start-up-Unternehmen.« *BASF*

Diese Minderheitsbeteiligungen haben zwei Zielrichtungen. Zielrichtung Nummer eins ist eine kaufmännische. Wenn möglich, sollen sie sich rentieren, also einen positiven Return-on-Investment (RoI) generieren. Zielrichtung Nummer zwei ist aber die Entscheidendere. Unternehmen müssen die Fühler in den Start-ups haben, damit sie wissen, was an neuen interessanten Ideen außerhalb des Konzerns entsteht und damit diese Ideen bei einer gewissen Reife in die Hauptorganisation gezogen werden können.

Die Rahmenbedingungen sind klar definiert. Die jungen Unternehmen bekommen Geld. Oftmals erwächst aus der reinen Überlassung von Finanzmitteln eine Forschungs- und Entwicklungskooperation. Großunternehmen können den jungen Unternehmen mit ihrem industriellen Know-how zur Verfügung stehen und – in diesem Bereich sehr wichtig – mit ihren Kenntnissen über strategischen Patentschutz. Dafür bekommen sie den exklusiven Zugang zu neuen, Erfolg versprechenden Ideen.

Neben der BASF Venture Capital Ltd. für externe Projekte und Beteiligungen hat die BASF ein Unternehmen gegründet, das die internen Projekte als Zielgruppe hat. So wurde die BASF Future Business Ltd. gegründet, die ihr Augenmerk darauf richtet, dass bereits an Problemstellungen gearbeitet wird, auf die die einzelnen Unternehmensbereiche noch nicht achten. Ziel der BASF Future Business ist es, neue Geschäftsfelder für die BASF mit überdurchschnittlichem Wachstum außerhalb der bestehenden Aktivitäten zu erschließen. Dabei konzentriert sich die BASF auf neue Materialien, Technologien und Systemlösungen mit Bezug zur Chemie. Die BASF Future GmbH führt Marktanalysen

Innovationsförderung durch Venture Capital

Entwicklung neuer Technologien durch BASF Venture Capital GmbH

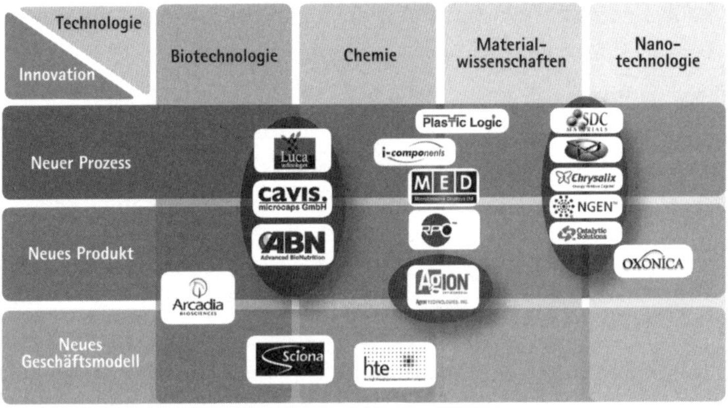

Quelle: BASF

durch, und auf deren Basis werden entsprechende Projekte mit internen und externen Partnern definiert und umgesetzt. In der Praxis sieht das so aus, dass die BASF Future GmbH Forschungsaufträge an die internen Forschungs-und-Entwicklungs-Einheiten im Konzern vergibt. Andererseits kann sie den Bogen auch weiter spannen und mit Start-up-Unternehmen, industriellen Partnern, Hochschulen und potenziellen Kunden kooperieren.

Beide Unternehmensteile, die BASF Future Business und die BASF Venture Capital bewirken, dass Projekte die, grundsätzlich neu für das Unternehmen sind und zu Märkten gehören, die die BASF interessieren, aber in denen sie noch nicht tätig ist, durchgeführt werden. Durch die separierte Herangehensweise, teils über Beteiligungen an externen Ideenschmieden, zum Teil durch die Schaffung von eigenen Ideenschmieden, gelingt es dem Großunternehmen eine optimale Start-up-Atmosphäre da zu schaffen, wo sie hingehört.

Ebenfalls über dreistellige Millionenbeträge für die Investition in Ventures verfügt SAP. In über 70 Softwareunternehmen hatte sie 2005 investiert. Die Hoffnung liegt darin, einen Schub für die eigenen Ideen, für die eigene Produktpalette zu bekommen. Dabei präferiert SAP, mit mehreren anderen Venture-Capital-Firmen zusammen zu arbeiten. Der Grund: Nicht nur das Risiko wird verteilt, es ergeben sich über das Projekt auch Synergieeffekte und Aspekte, die bei alleiniger Investition in das Venture-Unternehmen nicht entstehen könnte.

Ideenschmieden müssen nicht außerhalb des Unternehmens liegen. Zwar haben die Venture-Programme der BASF und von SAP gezeigt, dass es sinnvoll sein kann, kreative Köpfe zu nutzen, die ganz außerhalb des Unternehmens angesiedelt sind und über die Beteiligung und formelle und informelle Kommunikationsstrukturen an das Unternehmen gebunden werden. Doch besteht auch manchmal die Möglichkeit, dies im eigenen Unternehmen erfolgreich zu simulieren.

»Wir haben uns vor einigen Jahren entschieden, sogenannte Internal Ventures aufzusetzen. Wenn ein Mitarbeiter eine richtig gute Idee hat, bekommt er ein eigenes Budget und ihm wird ein eigener Controller zugeteilt. Wenn er Geld für sein Projekt ausgibt, muss er sich bis zur Grenze des Budgets nicht dafür rechtfertigen. Er handelt wie ein eigener Unternehmer. Er bekommt zu dem Budget einen Zeitrahmen gesetzt und hat die Aufgabe, die Idee bis zur Marktreife umzusetzen. Im Schnitt sind das rund drei Jahre. Die Teamgröße schwankt je nach Projekt zwischen fünf und fünfzig Personen.« *Alcatel*

Es gibt also eine ganze Palette an Lösungen, die darauf abzielen Start-up-Atmosphäre für die Dienste des Unternehmens nutzbar zu machen. Manchmal reicht eine räumliche und damit atmosphärische Trennung vom Mutterunternehmen, um der Kreativität einen größeren Spielraum zu ermöglichen. Wie im Beispiel von Alcatel setzt das Zulassen von Internal Ventures Kräfte frei. Eine eigene Budgetverantwortung für ein ganzes Projekt, ein eigener Controller, ein eigenes Team – das kann erhebliche Motivation freisetzen. Und dabei ist ein hoher organisatorischer Freiraum gegeben. Oder das Unternehmen investiert gleich in Erfolg versprechende Start-ups, die meistens vor Ideen glühen, aber keine Mittel und keine Erfahrung in betrieblichen Prozessen haben. Hier können kapitalunterlegte Kooperationen helfen.

»Open Innovation« eröffnet neue Horizonte

Ob ein Unternehmen nun mehr Hoffnung in die Ideengenerierung Einzelner steckt, oder ob das Top-Management auf internationale Teams setzt – entscheidend ist, wie »das Wissen der Welt« so vollständig und so schnell wie möglich verfügbar gemacht werden kann.

Einen nachhaltigen Innovationserfolg am Markt zu realisieren heißt, die Antennen dafür zu entwickeln, die Signale des Marktes zu empfangen und diese auch richtig zu interpretieren. Signale kommen von allen Seiten. Globalisierung, Liberalisierung, technischer Wandel und eine rapide sinkende Halbwertszeit des Wissens bauen diesen enormen Druck auf. Auch zunehmend gesättigte Heimatmärkte spielen eine Rolle. Dieses Wissen alleine nützt aber noch nicht allzu viel. Wo kommen die Innovationsimpulse genau her? Welcher Art sind die Signale, die auf das Unternehmen zukommen? Gelingt es, im Unternehmen die richtigen Sensoren aufzubauen, die diese Signale registrieren und diese dann auch gewichten?

Jeder Innovationsverantwortliche muss sich vor Augen halten: Außerhalb des Unternehmens gibt es noch viel mehr kluge Köpfe und gut geführte Unternehmen, die an ähnlichen oder vielleicht an gleichen Problemen arbeiten. Und nur ein kleiner Teil von ihnen ist ein echter Wettbewerber, den zu bekämpfen man sich auf die Fahnen geschrieben hat. Viele Innovationen kommen in Zeiten standardisierter Technologien von Start-ups, man siehe sich nur die Erfolgsstory der Internet-Telefonie-Software Skype an, die kein großer Telekommunikations-Konzern »auf dem Radar« hatte.

Was hindert Unternehmen also daran, von den vielen klugen Köpfen außerhalb der Unternehmensmauern zu profitieren? Was hält ein Unternehmen ab, sich kooperativ mit anderen Unternehmen zusammenzusetzen und zu vereinbaren, gemeinsam an einer Problemlösung zu arbeiten? Sind wir ehrlich: Das »not-invented-here-syndrom« ist leider noch kein Relikt der Vergangenheit. Diese Kulturbarriere stammt noch aus einer Zeit, wo sie durchaus Sinn gemacht hat. Wissen konnte hinter dicken Mauern verborgen werden. Kommunikation unter Wissenschaftlern und Forschern war eher punktuell. Und die Chance mit einer Strategie der

Nicht-Kommunikation und Nicht-Kooperation auf der Gewinnerseite stehen zu können, war dadurch recht groß. Dazu kam vielleicht noch die Überzeugung, wirklich so viele und so gute Ressourcen an Mensch und Material im eigenen Hause vorzuhalten, dass man nahezu unangreifbar sei. Nahezu.

Schauen wir uns ein Beispiel an, wohin solch ein Denken führen kann. Im Jahr 2000 steckte der große amerikanische Konsumgüterkonzern Procter & Gamble tief in der Krise. Die neu entwickelten Produkte kamen bei den Kunden nicht an, die Umsätze stagnierten und der Aktienkurs brach ein. Bis zu diesem Jahr galt bei Procter & Gamble das Motto: Wir erfinden alles selber. Bei einer Ausstattung von 7 500 F&E-Mitarbeitern ist dies durchaus ein legitimer Ansatz gewesen, der über viele Jahre gut funktioniert hatte. Doch was hatte sich verändert? Die Welt um Procter & Gamble herum hatte sich verändert. Durch die rasante Verbreitung neuer Techniken war der Druck auf die Innovationsbudgets des Unternehmens gewachsen. Die Produktivität der Forschung & Entwicklung von Procter & Gamble war dagegen gesunken. Die Erfolgsquote der Innovationen, also der Prozentsatz neuer Produkte, die ihre finanziellen Ziele erfüllten, stagnierte bei 35 Prozent. Procter & Gamble war unter Beschuss. Die Konkurrenten nutzten diese Schwächephase und schnitten sich Stück für Stück aus dem Umsatzkuchen von Procter heraus. Der Kapitalmarkt bemerkte diese Schwäche. Viele Aktionäre stiegen aus der Aktie aus, der Kurs stürzte von 118 Dollar auf 52 Dollar. Somit verlor Procter & Gamble mehr als die Hälfte seines Börsenwertes.

Das Top-Management von Procter & Gamble war alarmiert. Mitten in der Krise bestieg ein neuer Chief Executive Officer die Kommandobrücke: Alan G. Lafley. Lafley erkannte sofort, was Procter & Gamble wieder Schub verleihen könnte: neue Ideen. Viele neue Ideen, die rasch in Innovationen und Markterfolge münden sollten. Aber anstatt mehr Wissenschaftler einzustellen oder Budgets zu erhöhen (in der Krise ist dies meistens sowieso nur schwer realisierbar) änderte er das Modell dramatisch: Weltweit so rechnete Lafley vor, kommen auf jeden Procter & Gamble-Forscher rund 200 ebenso kompetente Wissenschaftler oder Ingenieure, die an den gleichen Themengebieten arbeiten. Das sind rund 1,5 Millionen talentierte Menschen. Die Aufgabe, die Lafley stellte, lautete: Bringt das Wissen dieser 1,5 Millionen Menschen in den Konzern. Konkreter formulierte er, dass künftig die Hälfte der Neuentwicklungen von außen in das Unternehmen zu holen sei. Damit verbunden war es, die Ressource »eigene Wissenschaftler« besser zu nutzen. Lafley formulierte die Vision, dass künftig nur noch die Hälfte der Innovationen aus den eigenen Labors zu kommen habe, bei der anderen Hälfte arbeiten die eigenen Wissenschaftler als Vermittler oder Türöffner. Das setzte voraus, dass die eigenen Wissenschaftler von dem Konzept überzeugt waren und die 1,5 Millionen Externen als eine Art neuen Unternehmensteil verstanden und behandelten.

Procter & Gamble hat dazu im Rahmen seiner Neuausrichtung eine ganze Palette ergriffen: Das Unternehmen trat drei Online-Plattformen bei, die im Wissenshandel tätig sind: Die erste, NineSigma.com, verbindet weltweit eine halbe Million Forscher. Unternehmen können dort ihre Probleme ausschreiben. Wer eine Lösung hat, kann mit dem Problemsteller Kontakt aufnehmen. Darüber hinaus gibt es InnCentive.com, der 70000 Experten aus den Bereichen Chemie und Biologie angehören. Und mit YourEncore.com werden Wissenschaftler im Ruhestand angesprochen. Die Welt außerhalb des eigenen Unternehmens ist groß. Nichts spricht dagegen, sie für die Ideengenerierung gezielt zu nutzen. Damit sichert ein Unternehmen ein Maximum an Wissensfluss und steigert damit – richtig durchgeführt – seine Innovationseffizienz.

»Connect and Develop« lautete das Schlagwort bei Procter & Gamble. Und Lafleys Rechnung ging auf: Während im Jahr 2000 nur 15 Prozent der neuen Produkte Bestandteile enthielten, die außerhalb von Procter & Gamble entstanden waren, stieg diese Quote rasch auf über 35 Prozent. Durch das Vernetzen und Entwickeln steigerte sich die Produktivität der Forschung & Entwicklung um 60 Prozent. Die Kapitalgeber honorierten die Erfolge mit Aktienkäufen und Procter & Gamble fand zu alter Stärke zurück.

Inzwischen ist das Not-invented-here-Syndrom bei Procter & Gamble vergessen. Die Mitarbeiter haben begriffen, dass sie genauso stolz sein können, wenn sie eine zielführende Lösungsmöglichkeit außerhalb des Konzerns gefunden haben und es ihnen gelingt, diese für die Zwecke des eigenen Unternehmens zu sichern. Die gleiche Erfahrung haben auch andere Unternehmen gemacht:

»Externe Netzwerke sind im Rahmen unserer Strategie ein ganz wichtiger Punkt geworden. Bis vor kurzem herrschte bei SAP die Meinung, so richtig gute Software könnten nur wir machen. Dann haben wir schmerzhaft gemerkt, dass bestimmte Innovationen am Markt uns zu spät erreicht haben. Das ist auch bedrohlich gewesen. Weil wir nicht vernetzt waren, konnten wir Dinge auch nicht mitgestalten. Unsere neue Strategie setzt einen großen Schwerpunkt auf die Zusammenarbeit mit anderen Unternehmen auf der Entwicklungsebene.« *SAP*

Das Umdenken bei SAP hat ebenfalls im Jahr 2000 eingesetzt. Unternehmensgründer Hasso Plattner, damals noch Chief Executive Officer, verbrachte damals viel Zeit in Kalifornien. Von dort brachte er die Beobachtung mit, dass die Softwarewelt immer dynamischer wurde und dass Softwareentwicklung immer stärker in Teams stattfand. Heute hat SAP über 2000 Entwicklungspartner. Bei der Entwicklung einer neuen Software öffnet sich SAP heute weitgehend diesen Partnern. War früher ein Blick in den Quellcode, in das innerste Geheimnis des Programms, selbstverständlich verboten, gibt es hier heute durchaus eine flexiblere Handhabung. So wie Alcatel, Qiagen und SAP denken aber bei weitem noch nicht alle Unternehmen. Und damit berauben sie sich einer wichtigen Innovationsquelle.

Wissen von außen ist heute somit genauso wichtig wie Wissen von innen. Unternehmen, die nach wie vor denken, sie könnten langfristig bestehen, in dem sie in alter Manier ihre Mauern hochziehen, niemanden hereinlassen und ihren Mitarbeitern nicht gestatten, Wissen von außen hereinzuholen, werden nicht lange bestehen können. Dafür ist die Geschwindigkeit, in der Wissen wächst, heutzutage viel zu hoch. Es ist inzwischen schon zur Kunst geworden, den Überblick in dem ständig wachsenden Wissensberg zu bewahren. Und sei es »nur« in den eigenen Fachdisziplinen. Zu denken, die eigene Mannschaft könne hier immer an der Wissensfront stehen, erscheint da vermessen.

Ein mittelständisch aufgestelltes Unternehmen hat vielleicht 50 Wissenschaftler und Ingenieure, die meist von morgens bis abends in Projektarbeit stecken. Ein großes Unternehmen hat vielleicht einige hundert oder gar tausend wissenschaftlich qualifizierte Mitarbeiter. Gemessen an dem Wissen, das außerhalb des Unternehmens noch zur Verfügung stünde, nehmen sich diese Zahlen bescheiden aus. Zu einer guten Innovationskultur gehört es, wissen von außen als eine genauso wertvolle und zugängliche Ressource zu behandeln, wie das eigene Wissen.

Die Argumente, die für die Bildung und Stabilisierung von internen Netzwerken gelten, lassen sich auch für den Themenkomplex der externen Netzwerke heranziehen. So wichtig es ist, den Mitarbeitern eine Vielzahl von Kontaktflächen nach innen in das Unternehmen zu ermöglichen, so wichtig ist es, die Außenwelt in Netzwerken nach innen zu ziehen.

Interne Netzwerke motivieren Mitarbeiter, sie setzen Kreativität frei und bieten einen großen organisatorischen Freiraum zur Bewältigung der Aufgabenstellungen. Interne Netzwerke helfen dem Einzelnen, rasch an Wissen und Informationen zu kommen. Und in der Gesamtheit ihrer Wirkungen heben sie die Effizienz des Unternehmens auf ein neues Niveau.

Die Erfahrung zeigt, dass Netzwerke nach außen eine noch stärkere Wirkung entfalten. Und es muss in der Innovationskultur verankert sein, sich selbstverständlich und souverän im Wissensumfeld zu bewegen.

Ein Unternehmen kann von überall her Signale aufnehmen. Dabei muss es anhand dieser Signale klären, ob der eingeschlagene Weg der richtige ist. Die Kunst besteht darin, dies zu systematisieren, um eine maximale Effizienz aus den empfangenen Signalen zu generieren. Viele der dabei gewonnen Ergebnisse sind vielleicht auf den ersten Blick wenig schmeichelhaft. Das macht nichts. Auch in der Philosophie gilt: Wahre Worte sind selten schön. Schöne Worte sind selten wahr. Wichtig ist, aus den richtigen Signalen die richtigen Botschaften abzuleiten und in weiterführende zukunftssichernde Pläne und Aktionen zu transferieren. Aus den Signalen von heute muss ein Unternehmen mit einer guten Innovationskultur eine Spur in die Zukunft legen.

»Wir beobachten über verschiedene Parameter unseren Erfolg am Markt. Und das gute ist, dass der Markt so schnelllebig ist. Es dauert nicht lange bis ein Feedback kommt. Wir messen unter anderem das Kundenverhalten sowie auch unsere Innovations-Performance im Markt. Aber wir gehen auch einige Schritte weiter. Wir schauen verstärkt auf diejenigen, die in unserem Markt Meinungsführer sind: Industrieanalysten, erstklassige Professoren. Die befragen wir quartalsweise. Und wenn wir sehen, dass sich über unsere Annahmen hinaus andere Trends abzeichnen, ist das für uns ein Alarmsignal zum sofortigen Handeln.« *SAP*

Die Kontaktmöglichkeiten mit der Außenwelt sind für jedes Unternehmen groß. Im Kern, und im Sinne der Betrachtung hin auf die Wirkungen im Rahmen einer Innovationskultur, lassen sich vier große Gruppen identifizieren, auf die ein Unternehmen ein besonderes Augenmerk richten sollte. An erster Stelle stehen der Markt, der Kunde. Wenn ich den Kunden nicht verstehe, seine Bedürfnisse falsch interpretiere, seinen Bedarf falsch abschätze, gerät mein Unternehmen rasch in eine Schieflage.

Der zweite wichtige Impulsgeber ist der Kreis von Zulieferern. Zulieferer sind spezialisierte Problemlöser, die mehr können, als nach Vorgabe des Unternehmens Komponenten und Module zu liefern.

Der Kontakt zu den wissenschaftlichen Instituten und zu den professionellen Branchenbeobachtern ist zentral für die Beantwortung vieler, vor allem technologischer Fragestellungen. Das geht von den großen Richtungen, wohin geht die Reise in unserer Branche in den kommenden Jahrzehnten und Jahren, bis zu den kleinen, aber praxisrelevanten Impulsen. Alle die genannten Gruppierungen müssen möglichst effizient in das eigene Netzwerk einbezogen werden.

Nur wer seinen Kunden wirklich versteht, kann innovativ sein

Der Kunde ist das Maß aller Dinge. Er entscheidet, ob aus einer puren Idee ein marktgängiges Produkt wird. Die ganze Kraft der Mitarbeiter und der Organisation können darin münden, dass ein technisch überraschendes Produkt entsteht. Wenn das Produkt nicht die Kundenbedürfnisse trifft, ist es ein Flop. Punkt. Was liegt also näher, als den Kunden so intensiv wie möglich in den eigenen Prozess mit einzubeziehen? Es gibt verschiedene Möglichkeiten, dies zu tun. Es kommt auf das Unternehmen darauf an, zu bestimmen, welche Möglichkeiten optimal für die eigenen Zielsetzungen sind.

»Kunden sind bei uns die wichtigsten Impulsgeber. Wir haben zwei Ebenen der Kommunikation mit ihnen. Die erste Ebene läuft formalisiert über einen Feedback-Prozess. Das ist eine Kundenzufriedenheitsmessung nach objektivierten Standards. Der zweite Kanal ist die direkte Vernetzung mit dem Kunden, um an ungefilterte und direkte Feedbacks zu gelangen.« *Alcatel*

Das Ohr am Kunden zu haben, ist entscheidend. Neben den breiter angelegten Feedback-Prozessen über Befragungs-Tools gibt es auch die Möglichkeit, ausgewählte Kunden in ein Netzwerk einzubeziehen, um mit ihnen gemeinsam an der Produktentwicklung zu arbeiten. Dieses Einbeziehen schafft für beide Unternehmen Vorteile.

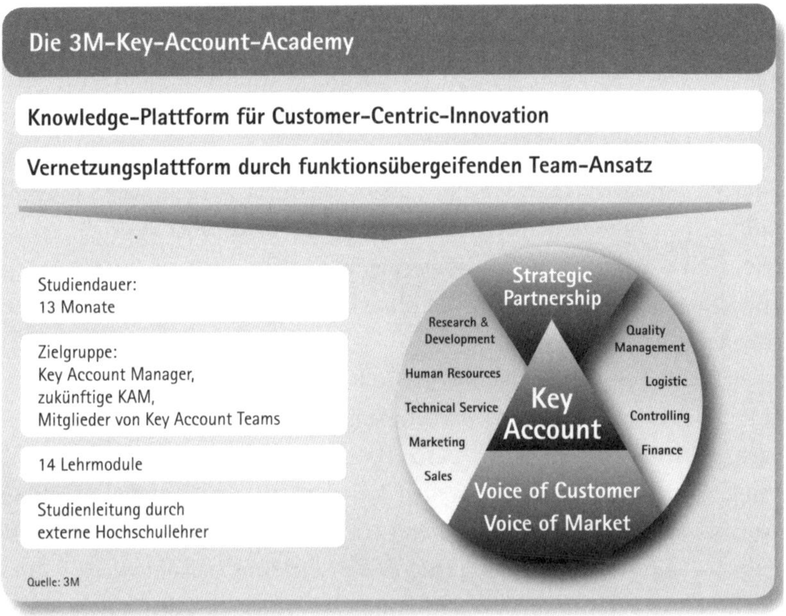

Das Unternehmen, das Kunden in das exklusive Netzwerk bittet, erhält viele wichtige und direkte Hinweise, bevor das Produkt in großem Maßstab an den Start geht. Der Kunde, der sich überzeugen lässt einem solchen Netzwerk beizutreten, bekommt einen zeitlichen Vorsprung, eine gewisse Exklusivität bei der Nutzung des neuen Produktes. Diesen zeitlichen Vorsprung kann er wiederum nutzen, um daraus Vorteile zur Stärkung seiner Marktposition zu ziehen.

»Wir nennen dies Strategic-Customer-Relationship. Es sind besondere Kunden, die wir entweder gezielt angesprochen haben oder die auf uns zugekommen sind. Unsere Programmexperten von SAP und die Prozessexperten von Seiten des Kunden entwickeln dann gemeinsam in Teams. In dem zugrunde liegenden Vertrag ist genau festgelegt, wann SAP das Produkt nach einer gewissen Exklusivitätsphase für den Kunden dann allgemein verkaufen kann. Wenn die Projektphase beendet ist, hoffen wir über ein Produkt zu verfügen, das uns einen Vorsprung gegenüber der Konkurrenz gibt.« *SAP*

Eine zeitlich befristete Kooperation mit dem Kunden in der Entwicklung schafft aus sich heraus ein Netzwerk. Die Kontakte, die in der Projektphase geknüpft wurden, bleiben bestehen. Aus Kontakten kann Vertrauen erwachsen. In einer Atmosphäre des Vertrauens kann unkompliziert zum Telefonhörer gegriffen werden, Probleme gelöst, neue Geschäfte und Projekte angedacht werden. Diese Variante ist ein besonders gut funktionierendes Tool für Unternehmen, die über große, strategisch wichtige Kunden verfügen. Andere Wege müssen gegangen werden, wenn die Produkte einen Massenmarkt adressieren. Es lässt sich aber deutlich erkennen, dass die großen Handelsunternehmen in Zukunft eine ganz andere Verzahnung und auch exklusive Entwicklungspartnerschaften suchen, als dies heute noch der Fall ist.

Der Aufbau externer Netzwerke in Richtung Kunde ist von einer zentralen Bedeutung für den Unternehmenserfolg. Es sichert dem Unternehmen auf jeden Fall hohe Effizienz, da über die Feedbacks Fehlentwicklungen oftmals vermieden werden können. Mitarbeiter, die von ihrer Aufgabenstellung ansonsten wenig oder gar keinen Kundenkontakt haben – Mitarbeiter aus Forschung & Entwicklung beispielsweise – müssen in diese externe Netzwerkbildung einbezogen werden. Nicht selten hat dies motivierende Wirkung, wenn ein direkter Gedankenaustausch mit dem späteren Endkunden ermöglicht wird.

Ein ganz wesentliches Instrument zur Entwicklung einer offenen, leistungsfähigen Innovationskultur ist die systematische Befragung von Kunden zur eigenen Innovationsfähigkeit und -qualität. Siemens, 3M und Freudenberg sind Beispiele von Unternehmen, die ihre Innovationsleistung regelmäßig durch ihre Kunden auf den Prüfstand stellen. Bei 3M wird dieser Prozess *Voice of Customer* genannt, bei Siemens *Lead Customer Feedback*. Allen Verfahren ist gemeinsam, dass sie auf verschiedenen Bewertungskriterien beruhen, einen direkten Wettbewerbervergleich ermöglichen und auf direkte Verbesserungsansätze zielen. Die Ergebnisse können positive Bestätigung der Anstrengungen, aber auch »wake up call« für Geschäfts- und Innovationsverantwortliche sein.

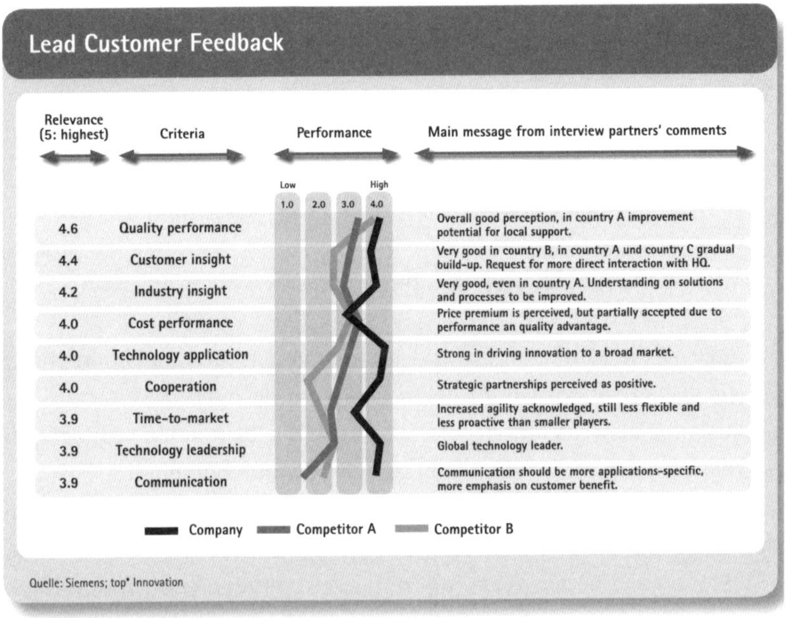

Quelle: Siemens; top° Innovation

Einige Unternehmen, wie Freudenberg, lassen solche Spiegelbilder durch externe Dienstleister durchführen. Der Vorteil liegt darin, dass die Kunden ohne Rücksicht auf Empfindlichkeiten und vielleicht guter Beziehungen auf persönlicher Ebene frei ihre Meinungen sagen können. Ein weiterer Vorteil in dieser Methode liegt darin, dass die auf solche Befragungen spezialisierten Unternehmen über eine hohe Methodensicherheit und weitere Benchmarks verfügen.

Das Kunden-Feedback ist ein enorm wichtiger Sensor für Veränderungen am Markt und der Frage, wie das eigene Unternehmen im Zeitablauf und im Verhältnis zu Wettbewerbern gesehen wird. Der Kunde ist König. Ihm genau zuzuhören, heißt Input für zukünftige Innovationen zu bekommen.

Nur eins darf dabei nicht übersehen werden: Dass ein übertriebenes Erfüllen von Kundenwünschen auch den Blick für das ganz Neue, die ganz andere Lösung oder auch die noch gar nicht geweckten Kundenwünsche verschließen kann. Stefan Thomke aus Harvard und Eric von Hippel von der Sloan School haben das sehr spitz so formuliert: »Wären sie strikt den Wünschen ihrer Kunden gefolgt, hätte Henry Ford Pferdekutschen hochgerüstet und Thomas Alva Edison High-Tech-Kerzen entwickelt.«

Gute Innovationskulturen haben aber die Antennen dafür, dies zu verhindern.

Lieferanten einbeziehen heißt, neue Chancen zu entwickeln

So intensiv die Markt- und Kundenseite von den meisten Unternehmen bereits einbezogen wird, so unerschlossen sind noch die Innovationsimpulse, die die Lieferanten setzen können. Die bekannten »Innovation-Partnering«-Konzepte vor allem aus der Automobilindustrie zwischen OEM und Tier-1-Lieferanten dürfen nicht darüber hinwegtäuschen, dass diese Thematik für die Masse der Unternehmen noch Neuland ist.

Lieferanten können mehr als nur nach vorgegebener Spezifikation Teile und Module zuliefern. Lieferanten sind auf ihrem Gebiet Spezialisten. Nicht selten haben sie eigene Entwicklungseinheiten, die Erstaunliches zu Tage bringen können – wenn man sie nur fragt und wenn man nicht versucht, sie zu übervorteilen.

Für ein Unternehmen ist die Innovationskooperation mit den Zulieferern oft ebenso wertvoll, wie die mit den Kunden.

»Für uns ist die Vernetzung mit unseren Lieferanten sehr wichtig. Immer wieder werden wir mit Innovationen überrascht, sei es im Bereich der Stoßdämpfer oder bei den Materialien. Da kommt so oft etwas Neues. Deswegen stehen wir in ständiger Diskussion mit unseren Zulieferern. Wir haben auch extra Lieferantenworkshops implementiert, damit wir hier das Netzwerk auch institutionalisieren und professionalisieren können.« *Miele*

Die Vernetzung mit Lieferanten eröffnet wieder ganz neue Möglichkeiten für das Unternehmen, sich Wettbewerbsvorteile im Kampf um die Innovationen für morgen zu verschaffen. Motivierte Lieferanten denken mit. Und zwar nicht, weil sie befürchten, in der nächsten Sparrunde des Unternehmens aus dem Kreis der Zulieferer zu fliegen, sondern weil sie sich als ein Teil des Kundenunternehmens sehen. Sie haben eine positive und konstruktive Grundeinstellung zu ihrem Kunden. Die Probleme des Kunden sind seine Probleme. Und wer dieses hohe Maß an Identifikation erreicht, setzt eine ganz andere Leistungsfähigkeit ein. Außerdem haben Zulieferer selbst wiederum eine Vielzahl von Kunden. Aus den Erfahrungen aus den Geschäften mit diesen können auch wiederum Querverbindungen für Lösungsansätze mit unserem Unternehmen entstehen.

Lieferanten müssen in das externe Netzwerk einbezogen werden. Wenn dies gelingt, steht dem Unternehmen mehr Wissen zur Verfügung und dieses Wissen auch noch rascher als vorher. Die Effizienz der eigenen Bemühungen, über Innovationen organisches Wachstum zu generieren, steigt.

»Wir arbeiten mit einer möglichst kleinen Anzahl von Lieferanten zusammen. Mit denen sind wir dann aber auch sehr eng vernetzt. Wir besuchen uns oft gegenseitig und informieren uns entsprechend über wichtige Dinge. Wir legen Wert auf sehr langfristige Lieferbeziehungen, in denen man eng zusammen arbeitet und in denen ein hohes Maß an Vertrauen entstehen kann.« *Frosta*

Zulieferer können einem Unternehmen sehr wichtige Signale liefern. Je nach eigener Fertigungstiefe und Branchenzugehörigkeit sind Zulieferer mit die wichtigsten Impulsgeber für Innovation. Eine systematische Erfassung der Leistungsfähigkeit und des Produkt- und Leistungsspektrums der Zulieferer kann Signale geben über mögliche technische Weiterentwicklungen, die vom Wettbewerb angeregt wurden. Wenn permanent Ideen von Zulieferern präsentiert werden, die die eigene Forschung & Entwicklung nur noch reaktiv bewertet und nicht mehr aktiv involviert ist, ist das ein Signal, dass der eigenen Innovationskultur etwas nicht mehr stimmt – das »Not-invented-here-Syndrom« wird sichtbar.

In diesem Zusammenhang sind klare Spielregeln zwischen Zulieferer und Kunde wichtig. Wenn die Innovationskultur stimmt, darf der Zulieferer nicht nur mit seinem Kunden mit offenen Worten reden, er muss es sogar. Die Innovationsimpulse der Zulieferer sind ausdrücklich erwünscht.

Kunden und Lieferanten geben zumeist sehr praxisbezogenen Input. Kunden definieren, wie ihre nächsten Bedürfnisse aussehen, und geben Feedback, was sie von bestehenden und in der Erfindungsphase befindlichen Ideen halten. Lieferanten können branchenübergreifend Denkansätze zu bestehenden Projekten liefern. Aus der Wissenschaft können wieder andere Impulse kommen. Nahezu alle Unternehmen, die an Branchenentwicklungen oder der Lösung vor allem technischer Aufgaben oder Prozesse arbeiten, unterhalten Kontakte zur wissenschaftlichen Szene.

Hierzu möchten wir auch fast die Analysen der großen Investment-Häuser, wie Morgan Stanley, Goldman Sachs, Lehman Brothers und Deutsche Bank, zählen. Deren Branchen- und Technologiereports sind vielfach wertvoll für die Unternehmenssteuerung. Mit Blick auf das Ziel, Impulse für Neues – in Produkt oder Geschäftsmodell – zu setzen, können solche Reports eine andere Qualität entfalten, indem sie beispielsweise als »Pflichtlektüre für alle Führungskräfte« positioniert werden.

Traditionell arbeiten große Unternehmen mit nahezu allen namhaften Hochschulen zusammen, und der seit Jahrzehnten unter dem Stichwort »Technologietransfer« bezeichnete Wissenstransfer zwischen Wissenschaft und Unternehmen hat sich erkennbar entwickelt.

Klar ist: Das Einbeziehen universitärer Impulse erlaubt, beginnende Trends frühzeitig aufzugreifen. Bahnbrechende technologische Innovationen kommen vielfach aus der Wissenschaft, wie der Siegeszug des Kompressionsformats mp3 beweist.

»In enger Kooperation mit führenden Hochschulen haben wir unsere ganz spezifische Technologie-Roadmap entwickelt. In der Tiefe und Qualität kann man so etwas nicht woanders erwerben. Diese Roadmap blickt drei Jahre in die Zukunft. Und wir beobachten in regelmäßigen Reviews, ob sich die definierten Meilensteine erfolgreich realisiert haben.« *Wilo*

Aber auch im Kleinen liegen Chancen. Betreute Diplomarbeiten und Dissertationen helfen, auch praktische Probleme zu lösen, und bieten die Chance Kontakte zu High Potentials aufzubauen. Die jungen Diplomanden und Doktoranden können später auch Mitglieder des externen Netzwerkes sein.

Soll das Potenzial der Wissenschaft jedoch eine breite Wirkung auf die Innovationskultur eines Unternehmens, und damit die Kreativität aller Innovationsbeteiligten Mitarbeiter haben, müssen auch die Kontaktflächen verbreitert werden. Andersherum ausgedrückt: Der Zugangskanal zur Scientific Community darf nicht exklusiv durch Forschung und Entwicklung belegt sein.

»Wir arbeiten sehr eng mit externen Entwicklungspartnern zusammen. Wir pflegen auch Kooperationen in jeder nur erdenklichen Form. Und um das Wissen von Querdenkern in unser Haus zu holen, haben wir auch jedem Innovationsportfolio ein externes Scientific-Advisory-Board zugeordnet. Diese Personen haben in unserem Haus dann Beraterstatus.« *Qiagen*

Es gibt natürlich eine ganze Palette, eine engere Verzahnung zwischen Mitarbeitern und Wissenschaftlern herzustellen. Unternehmens müssen wissen, welche Universitäten, welche Fakultäten welche Koryphäen eines Faches weltweite Spitzenleistungen in den jeweils relevanten Gebieten bieten. Und sie müssen die Breite ihrer Führungskräfte und Mitarbeiter mit diesen Impulsgebern zusammenbringen. Eine besondere Rolle spielt dabei der Austausch mit »echten Querdenkern«, die mit oft revolutionären Ideen, manchmal auch provokativ, eine neue Denkrichtung aufzeigen. Das kann frischen Wind in die eigene Denke, in die eigene Innovationskultur bringen.

»Successful-Practice-Sharing« – Unternehmensinitiativen

Es spricht für eine entwickelte, reife Innovationskultur, wenn sich Unternehmen untereinander zu neuen Themen und Trends, zu Problemen und Erfahrungen, also zu »Hot Topics« auf der Agenda, austauschen. Damit ist nicht das Besuchen klassischer Managementseminare und Großveranstaltungen gemeint. Wirkliche Anregungen kommen meistens aus den »intimen«, aus den direkten Kontakten in kleinem Kreis. Unternehmen haben vor diesem Hintergrund in den letzten Jahren zunehmend selbst das Heft in die Hand genommen und Initiativen gegründet oder gefördert, die einen ungeschminkten Erfahrungsaustausch ermöglichen.

Speziell zur Fragestellung, wie die Innovationskraft gesteigert werden kann, sind Initiativen wie beispielsweise »Cultivating Innovation«, initiiert durch die 3M Deutschland, geeignet, konkrete Erfolgsbeispiele aus Unternehmen verschiedener Branchen und Größenordnungen zu erfahren und zu diskutieren.

Dieser Kreis, wie auch die TOP-Initiative des Bundesministeriums für Wirtschaft und Technologie und dem FAZ-Institut, können eine ganz neue Qualität in die externe Vernetzung bringen, und damit einen weiteren Schritt zur Etablierung einer guten, offenen Innovationskultur ermöglichen.

5 Regeln, damit Innovationsnetzwerke funktionieren

Es wird deutlich, dass die Qualität der Vernetzung, also die Leistungsfähigkeit der internen und externen Netzwerke eine ausgezeichnete Innovationskultur ausmacht, und damit die Innovationskraft eines Unternehmens deutlich steigern kann. Aber: Das Arbeiten in Netzwerken ist nicht einfach, und sie zu führen erst recht nicht. Die Erfahrung vieler Unternehmen können wir in einigen Regeln und Erfolgsfaktoren bündeln.

Entwickle klare Arbeitsgrundsätze – und lebe sie

Die Vision des Unternehmens ist der Fixstern, an dem sich alles Innovationsgeschehen und alle Mitarbeiter orientieren können und sollen. Für das tägliche Miteinander, für die Arbeit in dezentralen Strukturen, die entweder aus unterschiedlichen Geschäftsbereichen, manchmal aber auch nur aus virtuellen Teams bestehen, braucht es mehr, um einen Zusammenhalt zu gewährleisten.

Bevor ein Unternehmen sich an einer Neu- oder Re-Organisation versucht, sollte es einen Moment innehalten und sich fragen, ob es über die Vision und die abgeleiteten »Corporate Values« oder den »Code of Conduct« hinaus nicht noch etwas Gemeinsames gibt, das die praktische Arbeit aller Mitarbeiter durch eine Art geschriebener oder ungeschriebener Gesetze gemeinsam ausrichtet.

Das gibt es in der Tat. Gewöhnlich wird es poetisch umschrieben oder beschrieben als »der Arbeitsethos« eines Unternehmens, der über allem liegt. Dieser »Arbeitsethos« des Unternehmens kann durchaus spezifischer bestimmt werden.

Diese Verhaltensregeln können explizit kodifiziert sein, sie können aber auch einfach »Spielregeln« sein, an die sich alle Mitarbeiter im Unternehmen halten müssen, und die von den Führungskräften einfach vorgelebt werden und dringend zur Nachahmung empfohlen werden.

»Was nicht in Worte gefasst ist, aber was wir in unserem Unternehmen haben, ist ein extrem hoher ethischer Code. Jeder muss hier absolut integer sein und das auch leben. Wenn jemand dagegen verstößt, bekommt er erst die gelbe Karte gezeigt und dann die rote. Das ist auch ein Bestandteil unserer Innovationskultur.« *Qiagen*

Dass aber auch in solchen Leitsätzen bereits das Potenzial stecken kann, durch »innovative Formulierungen« zum Nachdenken anzuregen und für Neues zu mobilisieren, zeigt das Internet-Unternehmen Google:

Ob explizit verfasst oder implizit vorgelebt. Arbeitsgrundsätze sind für Unternehmen ein wichtiges Strukturelement. Wie eine Leitwelle legen sie die Art und den Grad der Offenheit im Umgang miteinander und mit Kunden fest. So wie die Leitsätze formuliert sind, findet sich dann oftmals auch das Spiegelbild in den realen organisatorischen Strukturen des Unternehmens wieder.

Leitsätze, die Offenheit im Umgang miteinander fordern, sind zum Beispiel mit einer organisatorisch gewollten Abschottung von Abteilungen voneinander nicht vereinbar. Oder ein Unternehmen, das in seinen Leitsätzen Kundenorientierung verankert, sich aber dann in seinen Strukturen mehr mit sich selbst beschäftigt, ist ebenfalls nicht glaubwürdig. Solches Auseinanderfallen von Anspruch und Wirklichkeit kann natürlich den Mitarbeitern nicht verborgen bleiben. Demotivation ist eine Folge. Es

„10 Dinge, die für Google erwiesen sind"

1.	Der Nutzer steht an erster Stelle und alles Weitere ergibt sich von selbst.
2.	Es ist das Beste, eine Sache wirklich, wirklich gut zu machen.
3.	Schnell ist besser als langsam.
4.	Die Demokratie im Internet funktioniert.
5.	Nicht immer, wenn Sie eine Antwort brauchen, befinden Sie sich unbedingt gerade an Ihrem Schreibtisch.
6.	Sie können Umsätze erzielen, ohne jemandem damit zu schaden.
7.	Es gibt immer noch mehr Informationen.
8.	Das Bedürfnis nach Informationen überschreitet alle Grenzen.
9.	Sie können seriös sein, ohne einen Anzug zu tragen.
10.	Toll ist einfach nicht gut genug.

Quelle: Google

ist Zeichen einer guten Innovationskultur, wenn das Management dafür Sorge trägt, dass die Leitsätze im Einklang mit Unternehmensvision und -Werten stehen. Und wenn sie tagtäglich gelebt werden.

Erzeuge eine »One-Company«-Denke

Für eine tragfähige Innovationskultur ist es von besonderer Wichtigkeit, dass die Mitarbeiter sich als Mitarbeiter des Unternehmens begreifen und nicht als Mitarbeiter eines Bereiches. Wer sich über seinen Bereich definiert, wird sich einem Umbau schnell widersetzen.

An großen, divisionalisierten Unternehmen lässt sich gut ablesen, dass es eine immense Kraftanstrengung für die Unternehmensspitze wie auch für alle »Change Manager« bedeutet, diesen Unternehmen eine »We-are-One«-Denke einzuhauchen. Das Verständnis als »Bereichsmitarbeiter« ist für ein Unternehmen hoch ineffizient, und nicht nur das: Es behindert massiv die Erschließung gemeinsamer Märkte und die Umsetzung von

Innovationen, die häufig »quer« zu den etablierten Sparten- und Bereichsstrukturen liegen.

In diesem Zusammenhang tritt auch noch einmal ganz stark die Wirkungskette der bislang dargestellten Faktoren für eine gute, gemeinsame Innovationskultur in den Vordergrund. Erst müssen die Mitarbeiter begeistert sein von der Vision und den Mission-Statements, die ein Unternehmen hat. Egal, ob diese nun explizit kodifiziert sind oder sich über Jahre gebildet haben. Die Richtung ist das oberste Ziel.

Dann muss der Konsens unter allen Beteiligten herrschen, dass die Corporate Values die expliziten Verhaltensnormen sind, an denen sich alle Mitarbeiter gemeinsam ausrichten. Wenn es dem Top-Management gelingt, diese Punkte zu implementier, resultiert daraus ein bestimmtes Verständnis von harten organisatorischen Strukturen. Die Struktur dient dem Ziel. Die Struktur muss so aufgestellt sein, dass sie jedem Einzelnen im Unternehmen hilft, seine Kreativität maximal zu entfalten und gerichtet dem Unternehmen zur Verfügung stellen zu können. Wenn es sich dabei als sinnvoll und notwendig erweist, organisatorische Elemente wie Strukturen und Abteilungen verändern, anpassen oder eliminieren zu müssen, so ist dies kein Drama sondern eine Selbstverständlichkeit. Die Forderung nach funktionsübergreifenden und flexibel aufgestellten organisatorischen Strukturen bedingt also eine mentale Vorbereitung und Einstellung aller Mitarbeiter. Das pure Entwerfen von Organigrammen und ihre Kommunikation im Unternehmen erfüllt nicht die Kernanforderungen einer guten Innovationskultur.

Die Strukturen sollten vor dem Hintergrund der Vision und der Corporate Values, die Idee und Richtung im Unternehmen geben, andere innovationsfördernde Parameter unterstützen. Sie sollten so gesetzt sein, dass sie den Einzelnen motivieren, in ihr gerne zu arbeiten. Sie sollten ein Maximum an Freiraum ermöglichen. Sie sollten den Austausch von Wissen fördern und den Zugang zu Wissen erleichtern, und in der Summe sollten sie die Effizienz des Unternehmens sichern helfen.

Gerade bei international arbeitenden Unternehmen ist es wichtig, dass die strukturellen Gegebenheiten zwischen den Ländern nicht zu sehr voneinander abweichen. Das Management muss prüfen, welche der Strukturelemente sinnvollerweise auf globaler Ebene implementiert und auch vorgeschrieben werden sollten und welche Ausgestaltungsspielräume auf lokaler Ebene gestattet werden.

»Es ist letztendlich die Frage, was müssen wir an Strukturen und Prozessen festschreiben, damit das Unternehmen effizient funktioniert, und wo lasse ich Freiräume, damit ich maximale Kreativität hinbekommen? Das Modell, das wir haben, fußt darauf, bis zu einem gewissen Grad zentralisiert zu sein. Dieser Grad an Zentralisierung ist bei uns aber nicht sonderlich groß. Wo kreatives Potenzial enthalten ist, versuchen wir möglichst dezentral zu bleiben.« *Alcatel*

Die richtige Balance zu finden ist ein unternehmensindividuelles Unterfangen. Aber es ist wichtig, diese Balance zu ermitteln. Wenn zuwenig globale Strukturelemente gefordert sind, besteht die Gefahr der Partikalisierung des Unternehmens. Wenn zu viele gefordert sind, fühlen sich Mitarbeiter eingeschränkt und gegängelt. Beides geht zu Lasten von Motivation und Effizienz.

Sorge für offene Kommunikation – vermeide Herrschaftswissen

Ein Sprichwort sagt: Die Sprache ist die Quelle aller Missverständnisse. Umso wichtiger ist es bei cross-funktionalen und darüber hinaus auch international zusammengesetzten Teams, dass die Kommunikation funktioniert. Dies muss ebenfalls als eine Managementaufgabe betrachtet werden, denn gute Kommunikation stellt sich nicht von selber ein

»Für uns ist es zunächst wichtig, dass wir darauf achten im Innovationsprozess eine gemeinsame Sprache zu sprechen. Damit meinen wir nicht nur in der Kommunikation zwischen Menschen. Wir haben eine One-Voice-Regel. Auch wenn über Begriffe gesprochen wird, müssen wir vorher definieren, wie wir sie verstehen wollen. Wer über Marktplätze spricht, sollte genau wissen, was wir im Unternehmen darunter verstehen. Das ist wichtig, damit Kommunikation nicht in Konfusion ausartet. Allgemeiner gesagt, es gibt Gremien bei SAP, die dafür sorgen, dass ein Minimum an Standards eingehalten wird. Ansonsten herrscht maximale Freiheit.« *SAP*

Kommunikation ist ein klares Kulturelement. Es geht nicht nur darum, in welcher Sprache man sich verständigen möchte. Bei sehr vielen Unternehmen ist dies heute schon Englisch. Es geht auch darum, was man unter diversen, für das Unternehmen und seinen Geschäftserfolg aber wichtigen Grundbegriffen versteht. Idealerweise sollte ein Unternehmen den Mitarbeitern solch ein Set an wichtigen Grundbegriffen, über die es in der unternehmensinternen Kommunikation keine Interpretationsspielräume geben darf, zur Verfügung stellen. Das Aufbauen und Pflegen solcher Sets ist ein dynamischer Prozess. Missverständnisse in der internen Kommunikation von Teammitgliedern sollten als Chance begriffen werden, hier gegebenenfalls weitere Begriffslegungen vorzunehmen um zukünftige Fehlkommunikation und daraus entstehende Ineffizienzen zu vermeiden.

Informieren ist keine Holschuld. Jene Mitarbeiter, die in den Innovationsprozess eingebunden sind, müssen umfassend informiert sein. Nur mit umfassender und zeitnaher Information können sie ihren maximalen Input leisten. Wer nur Halbwissen mit sich trägt, ist erstens unzufrieden, weil er das Vorenthalten von Information durchaus als Misstrauensbeweis verstehen kann. Zweitens kann das Fehlen von Teilen des Projektwissens dazu führen, dass Mitarbeiter sich die fehlenden Teile zusammenreimen oder versuchen, aus anderen Quellen zu verfolgen.

Das menschliche Gehirn neigt dazu, fehlende Dinge und Sachverhalte ergänzen zu wollen. Dies ist eine zutiefst menschliche Eigenschaft. Ein gutes Management sieht zu, dass die Projektmitarbeiter umfassend informiert sind. Dies kann in einfachster Form durch regelmäßige Projektmeetings sicher gestellt werden, wo das Management aus seiner Sicht die neuesten Erkenntnisse und Entwicklungen vorträgt. Auf der anderen Seite sollten alle Teammitglieder in diesen Meetings ein umfassendes Fragerecht haben. Es sollte möglichst keine Frage unbeantwortet bleiben. Sind im Projekt Teammitglieder räumlich verteilt, und ist es nicht möglich, alle Teammitglieder regelmäßig zu Meetings zusammen zu holen, sollte dies durch Videokonferenzen, Telefonkonferenzen oder durch Intranet-Konferenzen gewährleistet sein. Technische Möglichkeiten stehen heutzutage ausreichend zur Verfügung.

Eine umfassende Information der Mitarbeiter ist nicht nur motivationsfördernd, weil es integriert. Die Wahrung von Herrschaftswissen dagegen grenzt aus mit allen negativen Eigenschaften. Durch eine umfassende Information wird auch die Effizienz des Projektes gesteigert, da der umfassende Informationsfluss zu maximalem Feedback und Input führt. Informieren ist eine Bringschuld. Und im Rahmen einer guten Innovationskultur ist eine umfassende Information aller Projektbeteiligten eine Selbstverständlichkeit.

Das gilt erst recht in der Vernetzung nach außen: Open Innovation funktioniert erst recht nach dem Reziprozitätsprinzip. Wer Nutznießer vom Wissen anderer sein will, muss bereit sein, sein Wissen auch zur Verfügung zu stellen. Open Innovation ist keine Einbahnstraße für Geheimniskrämer. Wenn das in Netzwerken identifizierte Wissen von Kunden und Lieferanten für die eigenen Zwecke eingespannt werden soll, muss ein Unternehmen glaubhaft darlegen können, dass daraus eine Win-Win-Situation entstehen kann.

Öffne Türen und Wände – schaffe Orte der Begegnung

Eine leistungsfähige Innovationskultur kann durch organisatorische Maßnahmen gefördert werden. Eine Struktur ist gut, wenn sie gleichzeitig Stabilität und Vernetzung ermöglicht: Die Struktur muss stabil sein, damit das Unternehmen als Organisationseinheit handlungsfähig ist. Unternehmenswerte, Corporate Values, geben ihm eine ideelle Struktur, die aber im Einklang mit der realen Ausgestaltung sein muss. Eine Struktur wird nur als gut bewertet, wenn sie hilft, Kreativität freizusetzen. Dies ist ihre wichtigste Aufgabe.

Bei der organisatorischen Ausgestaltung des Unternehmens muss darauf geachtet werden, dass Abteilungen nicht zu Silos werden. Silos, die sich wie Burgen gegenüberstehen und deren Bereichsmitglieder nicht mehr den Nutzen des Unternehmens, sondern ihres Bereichs nach vorne schieben. Dies führt zu Ineffizienzen und Demotivation.

Um dem vorzubeugen, muss in innovationsgerichteten Netzwerken gedacht und gelebt werden. Interne Netzwerke legen die Grundlage für maximalen Wissenstransfer, Geschwindigkeit und Effizienz. Aufbau und Pflege interner Netzwerke ist genauso wichtig wie Aufbau und Pflege externer Netzwerke. Einen zusätzlichen Impuls erfahren diese

Netzwerke durch Internationalität und Interdisziplinarität. Hierarchien müssen so ausgestaltet sein, dass sie ihren regulierenden Charakter behalten, aber durch einen hohen Grad an Delegation auch stimulierend wirken.

»Wir setzen unseren Mitarbeitern sehr klare Zielvorgaben. Wie die Mitarbeiter diese Ziele erreichen, überlassen wir ganz ihnen. Es gibt wenig Toleranz beim Nicht-Liefern in Bezug auf gemachte Zusagen. Umgekehrt gibt es maximale Toleranz für den gewählten Weg dorthin. Delegation von Verantwortung ist motivationsfördernd.«
SAP

Fehler, die zwangsläufig durch den hohen Grad an Delegation entstehen, muss das Unternehmen akzeptieren und lediglich dafür sorgen, dass daraus gelernt wird.

All diese bislang erarbeiteten Strukturelemente einer Organisation, die Wert auf einen hohen Grad an Innovationskultur im Unternehmen legt, haben ein implizites, bislang unausgesprochenes Ziel: Kommunikation zu ermöglichen, wo sie vorher nicht stattgefunden hat. Und Kommunikation zu verbessern, wo sie bislang schon stattgefunden hat, aber noch Potenzial zur Verbesserung beinhaltet.

Aus der Sichtweise, dass Kommunikation einen Unternehmenswert darstellt, fällt es auch nicht schwer, große Anstrengungen zu ihrer Verbesserung zu unternehmen. Mitarbeiter müssen beim globalen Austausch von Informationen unterstützt werden. Und das Unternehmen muss Kommunikationsbereitschaft demonstrieren und institutionalisieren. Wenn Kommunikation als Wert an sich begriffen wird und alle Anstrengungen unternommen werden, dass Kommunikation auch stattfinden kann, dann ist dies ein wichtiger Beitrag zur Innovationskultur.

Die Aufforderung zu aktiver und offener Kommunikation muss aber auch unterstützt werden. Nicht durch das Bereitstellen von Kommunikations-Tools. Es muss auch im architektonischen Kontext Unterstützung finden. Wie sieht es mit der konkreten Arbeitsumgebung des Mitarbeiters aus? Lädt sie zur Kommunikation ein? Kann man in die Einzelzimmer hineinschauen, um zu sehen ob ein Kollege da ist, mit dem man vielleicht gerade kommunizieren möchte? Ein freundlicher Blick durch die Scheibe, und schon ist das Signal gegeben.

Oder gibt es ausreichend gemütliche Rückzugsräume, geschützte Sitzecken, um gemeinsam oder in einer kleinen Gruppe ein Problem diskutieren zu können? Teeküchen, Kaffeeecken, Etagen-Bistros sind die bevorzugten Treffpunkte für Mitarbeiter für solche kleinen, schnellen Gespräche.

Gibt es technisch gut ausgestattete Meeting-Räume, in denen rasch ein Laptop aufgestellt werden kann? Eine Vielzahl kleiner Annehmlichkeiten führt dazu, ob Mitarbeiter gerne und oft miteinander kommunizieren. Dazu zählen auch Möglichkeiten, sich zwar im Unternehmen zu treffen, aber außerhalb der Arbeits- und Hierarchiestruktur.

Das unternehmensinterne Fitness-Studio kann hier rasch zu einem beliebten Kommunikationspunkt werden, an dem interdisziplinär diskutiert werden kann. Für Unternehmen stellt sich die Frage, habe ich die richtige Architektur für das Kommunikationsbedürfnis meiner Mitarbeiter? Gibt es kurze Wege? Sind die Menschen »gezwungen«, sich möglichst häufig zu treffen?

Es ist immer wieder überraschend, die Offenheit und »Luftigkeit« in der Architektur von innovativen Unternehmen zu sehen. Es lohnt sich, prämierte Raumkonzepte anzuschauen und von Erfahrungen anderer zu lernen.

Es muss nicht immer der Neubau sein. Wände können eingerissen werden, damit Wissen fließen kann. Mitarbeiter müssen auch nicht ein Leben lang in festen Büros sitzen. Heutzutage benötigt ein Mitarbeiter oftmals nur noch ein Telefon und einen Computeranschluss, Die Unterlagen, die er für seine Arbeit benötigt, passt in einen kleinen Roll-Container. Ideale Voraussetzungen, um sich rasch einige Wochen im Team zusammen zu setzen. Kreativität ist gefragt.

Wer Kommunikation als Unternehmenswert begreift, hat auf dem Weg zu einer guten Innovationskultur einen weiteren wichtigen Schritt getan. Eine kommunikationsfördernde Architektur und unterstützende technische Hilfsmittel fördern den Wissensfluss im Unternehmen und damit die Effizienz. Darüber hinaus entfaltet das Bekenntnis zur Kommunikation ein hohes Maß an Motivation. Denn dadurch wird der Mitarbeiter in den Mittelpunkt des unternehmerischen Geschehens gestellt. Jeder Einzelne steht im Zentrum! Denn jeder Einzelne kann entscheidende Beiträge zum Innovationserfolg des Unternehmens leisten. Das Unternehmen zielt auf die wertvollste Ressource, die ein Mitarbeiter zur Verfügung stellen kann: Ideen.

Biete Unterstützung »von oben« an

Prozesse mögen wohl durchdacht sein, Strukturen sauber aufgesetzt. Für die schwierige Phase der Ideenfindung und zielgerichteten Einspeisung in die Organisation mögen ebenfalls kluge Mechanismen ausgedacht sein. Alle Bemühungen werden aber versanden, wenn die Innovationsverantwortlichen das Gefühl haben, dass es sich um eine labile Sicherheit handelt. Wenn sie das Gefühl haben: nett, aber ist das Top-Management wirklich mit dem Herzen bei der Sache? Oder ist es nur wieder eine von vielen Aktionen, die vielleicht morgen schon nicht mehr »en vogue« sind?

»Innovationskultur kann nur entstehen, wenn es ein klares Bekenntnis des Top-Managements für Innovation gibt. Einerseits muss das Top-Management die Ideengenerierung einfordern. Auf der anderen Seite ist es aber erforderlich, ein entsprechendes Klima bzw. Rahmenbedingungen zu schaffen.« *AIR LIQUIDE*

Der Promotor muss hinter allem stehen. Er muss klar vorleben, dass all die oben diskutierten Punkte nicht nur erwünscht sind. Er muss sie vorleben und einfordern. Jedes Unternehmen muss sich die Frage stellen: wer verantwortet bei mir das große und lebenswichtige Themenfeld Innovation. Bei den meisten ist es im Vorstand oder in der Geschäftsführung verankert, nicht selten in der Form des CEOs oder eines extra dafür benannten Chief Technology Officers, manchmal auch Chief Innovation Officers. Dieser CTO oder CIO ist der Fürsprecher im Vorstand für das Thema Innovation. Er muss die Fahne ständig für das Thema hochhalten und diese im Vorstand verteidigen.

»Am Schluss muss einer sagen, so machen wir es. Dazu braucht man starke Leute. Wenn im Vorfeld aber lange und glaubwürdig um die beste Idee gerungen wurde, ist es nur noch ein formeller Akt zu sagen, so machen wir es. Gelegentlich muss man dann trotzdem noch mal nachhelfen.« *Glashütte Original*

Der CTO muss im Unternehmen seine innovationsorientierten Netzwerke bauen und diese mit der Außenwelt verbinden. Er ist der oberste Prediger und Umsetzungstreiber für Innovation. Und an seiner Glaubwürdigkeit, Überzeugungskraft und Begeisterungsfähigkeit liegt es, ob der Funke vom Top-Management auf die mittleren Ebenen überspringt und von dort bis in den letzten Winkel des Unternehmens. Bei ihm laufen alle Fäden zum Thema Innovation zusammen. Er hat den Überblick und er setzt Prioritäten. In seinem Aufgabenbereich liegt es, dass alle mit Innovation betrauten Teile des Unternehmens aufaddiert werden und mehr als die Summe der Teile ergeben.

» Lot's of companies have tons of great engineers and smart people. But ultimately, there needs to be some gravitational force that puts it all together. Otherwise you can get great pieces of technology all floating around the universe. But it doesn't add up to much.« *Steve Jobs, Apple*

Im Fall von Apple hatte Steve Jobs diese Arbeit übernommen, nachdem er 1997 in das angeschlagene Unternehmen zurückkehrte. Steve Jobs war es, der Innovation wieder in den Vordergrund rückte und klar machte, dass nur Innovationen organisches Wachstum bescheren.

Hier sind Familienunternehmen oft im Vorteil, weil sie über den Gründer oder die Gründerfamilie auf verlässliche Entscheidungen mit langfristiger Stabilität aufsetzen können.

»Familienunternehmer, die Marken begründet haben, kümmern sich ein Leben lang um sie. Als wir in Zeiten eines zurückgehenden Bierkonsums neben unsere traditionelle Pilsmarke auch die Jugendmarke Cab und ein Radler im Premiumbereich gesetzt haben, war das anfangs schon eine echte Überzeugungsarbeit. Die Unterstützung war dann aber schnell da, und der schnelle Erfolg gab allen recht.« *Krombacher*

Familienunternehmen mögen manchmal langsamer auf erkennbare Umfeldentwicklungen reagieren. Aber wenn sie die Notwendigkeit zum Agieren erkannt haben, fällt die Ausrichtung von Anfang an als konsequente, langfristig angelegte Aktion aus.

Das Take Away: Innovation braucht Fürsprecher, Sponsoren, Promotoren, eine »Allianz der Erneuerer«, nach denen sich die Organisation von selbst ausrichtet, an denen sich die Führungskräfte der mittleren Ebene ausrichten können. Und nur die Multiplikation dieser Werte und Einstellungen führt dazu, die Innovationskultur auch wirklich zu leben.

Multiplikatoren schaffen – Innovation braucht Inspiration und Leadership

»The real leader has no need to lead –
he is content to point the way.«
Henry Miller

Es gibt wenige Begriffe in der Wirtschaftswelt, die so positiv aufgeladen sind wie Innovation. Eine fast genauso positive Konnotation hat der Begriff Leadership. Schwingt doch bei beiden deutlich oder unterschwellig die Zielrichtung einer Veränderung für eine bessere Zukunft mit. In diesem Sinne sind Innovation und Leadership fest verheiratet, zwei Seiten einer Medaille.

Leadership heißt, vereinfacht ausgedrückt, voranzugehen, Vorbild zu sein, andere mitzureißen, glaubwürdig und fürsorglich zu sein. Wird Leadership jedoch auf seinen »mobilisierenden« Kern zurückgeführt, wäre das für die Erzeugung von Innovationen sicherlich zu kurz gegriffen.

Innovationsprojekte sind oftmals über Jahre angelegt und verschlingen erhebliche Mittel. Hunderte von Mitarbeitern sind involviert, manchmal mehr. Nicht alle Mitarbeiter sind von Anfang bis Ende des Projektes dabei. Viele Spezialisten oder auch Mitglieder eines cross-funktional aufgestellten Teams arbeiten nur temporär mit. Die Bewältigung einer solch komplexen Aufgabe legt es nahe, auch den Einsatz unterschiedlicher Teammitglieder in Betracht zu ziehen.

Vereinfacht gesagt, braucht man im Rahmen eines Innovationsprozesses ganz unterschiedliche Charaktere und Typen. Am Beginn der Innovationskette, an der Stelle, an der Ideen generiert werden und in die Kette eingespeist werden, braucht man die leidenschaftlichen, kreativen Menschen. Spätestens ab dem Moment, ab dem der ganze Prozess in eine größere betriebswirtschaftliche Dimension kommt und die Planung größerer Geldmittel bedingt, benötigt man einen anderen *Macher-Typus* in den Teams.

»Der Innovationsprozess erfordert ganz unterschiedliche Qualifikationen und Charaktere. Sie in der jeweiligen Phase der Innovationen richtig einzusetzen, ist ein wichtiger Erfolgsfaktor.« *BASF*

Am Anfang einer jeden innovativen Idee stehen Beobachtung, Kreativität – und oftmals ein Schuss Genius, um die unerfüllten, die unausgesprochenen und vielleicht noch gar nicht bekannten Bedarfe des Marktes zu erkennen. Im Sinne des Zitats von Henry Miller haben wir es hier bereits mit zwei »Leader-Typen« zu tun: Innovation braucht jemanden, der die Richtung weist, die technologische Perspektive, die Marktlücke aufzeigt. Und Innovation braucht mindestens den »klassischen« Leader, den Vorwärtstreiber. Das Spektrum der Typen und Rollen, die eine innovative Organisation braucht, hat nicht nur eine fachliche, sondern auch eine charakterliche Dimension:

»Wenn wir das Spannungsfeld in einem Schwarz-Weiß-Kontrast betrachten, würden wir den optimalen Team-Leader wie folgt skizzieren: Auf der einen Seite des Spannungsbogens steht der Managertyp, der ohne mit der Wimper zu zucken Dinge durchdrückt. Auf der anderen Seite des Bogens gibt es den netten, lieben Typ, der keiner Fliege etwas zu Leide tun kann und bei allen Mitarbeitern beliebt ist. Wir brauchen jemanden, der dazwischen steht. Wir brauchen jemanden mit Strukturierungsfähigkeit, mit Analytik und mit Emotion.« *Siemens*

Die vielen Gesichter eines Innovation-Teams

Legt man also das Charakterprofil eines Innovationsteams unter das Mikroskop, werden, und das machen diese beiden Beispiele bereits deutlich, ganz verschiedene Typen und Rollen deutlich. Bei genauerem Hinsehen wird auch deutlich, dass erfolgreiche Innovationsteams eine »situationsbunte« Mischung ganz verschiedener Persönlichkeitsprofile und Rollen repräsentieren. Die in Anlehnung an Tom Kelley vom amerikanischen Design-Unternehmen IDEO skizzierten Rollen lassen sich nicht immer eindeutig bestimmten natürlichen Personen zuordnen. Es kommt aber bei der Frage, welche Mitarbeiter und Führungskräfte wir eigentlich in unserem Innovationsprozess brauchen, ganz entscheidend darauf an, dieses Rollenspektrum abrufen zu können. Diese Typen und Rollen, die Mischung aus dem »left brain stuff« und dem »right brain stuff«, formen und leben eine leistungsfähige Innovationskultur.

Der Anthropologe

Er bringt Innovationsideen hervor, indem er beobachtet wie Menschen auf Produkte und Dienstleistungen reagieren und wie sie sie anwenden. Der »Anthropologe« versteht es, Probleme in einem neuen Licht zu definieren und zu betrachten, und die Erkenntnisse der Wissenschaft auf das alltägliche Leben anzuwenden. Er kann objektiv beobachten, verfügt über ein großes Einfühlungsvermögen und nimmt bisher unbemerkte Sachverhalte wahr. Er erstellt innovative Konzepte für Probleme, deren Lösung noch aussteht. Inspiration sucht er oft an ungewöhnlichen Plätzen.

Er muss fachlich auf der Höhe der Zeit sein. Auch wenn er nicht der Experte in jedem einzelnen Spezialfach sein kann, das zur Lösung des Problems gebraucht wird, muss er doch das zusammenhängende Wissen bereit halten. Dies ist enorm wichtig, um Akzeptanz zu erfahren. Nur dadurch wirkt er in anderen Aspekten des täglichen Zusammenarbeitens glaubwürdig.

»Unser Hauptaktionär kam einmal herein und sagte, warum entwickeln wir nicht einfach eine Pumpe, die an den Heizkörpern das Thermostatventil ersetzt? So ein Moment ist dann eine Sternstunde.« *Wilo*

Der Experimentierer

Sein Interesse gilt dem Ideenkonkretisierungsprozess, dem wiederholten Erproben von unterschiedlichen Versuchsaufbauten, um Ideen zu konkretisieren und greifbar zu machen. Er geht kalkulierte Risiken ein. Um Lösungen effizient zu erreichen entwickelt er alles, von Produkten über Dienstleistungen bis hin zu kompletten Geschäftsmodellen. Die Freude des Entdeckens teilt er gern mit anderen Mitarbeitern, indem er sie zur

Zusammenarbeit auffordert. Die Ressourcen Zeit und Geld setzt er gekonnt ein und verliert sie selten aus dem Blick. Ausdauer ist eine wichtige Eigenschaft, die er mitbringt sollte. Insbesondere auf der zeitlichen Achse kann in Projekten häufig eine Änderung eintreten. Statt sechs Monaten dauert ein Projekt auf einmal 12 Monate. Aus zwei geplanten Projektjahren werden manchmal drei. In diesen Fällen ist das Durchhaltevermögen eine entscheidende Eigenschaft, sich neu auszurichten und sich und das Team zu motivieren, das Projekt unter veränderten Bedingungen weiter zum Erfolg zu führen.

Der Blütenbestäuber

Er zeigt neue Wege auf, indem er Verbindungen zwischen Ideen und Konzepten herstellt, die vordergründig nichts miteinander gemein haben. Er zieht seine Kraft häufig aus der Biologie, der Kunst und anderen Quellen. Den »Blütenbestäuber« zeichnen vielseitige Interessen und eine begeisternde Neugier aus. Lernen und Lehren sind seine Leidenschaft und er belebt Unternehmen durch die vielen Ideen, die er von außen in das Unternehmen hineinträgt. »Blütenbestäuber« sind aufgeschlossen, machen gewissenhaft Notizen und denken oft in Metaphern.

»Der Projektleiter muss in der Lage sein, ein Team mit unterschiedlichen Charakteren und unterschiedlichen Disziplinen konsensorientiert zu führen. Konsens ist hier nicht im Sinne eines faulen Kompromisses gemeint, sondern im Sinne der Suche nach der besten Lösung für das Problem. Der Projektleiter soll das Potenzial und die Kreativität der einzelnen Mitarbeiter fördern. Er muss auch loslassen können von einer Idee, wenn sie sich als nicht umsetzbar erweist. Unserer Anforderung nach muss er nicht unbedingt der fachliche Experte für das Thema sein.« *Vaillant*

Der Beziehungspfleger

Vorbei sind die Zeiten des alten Kasernenhofmanagements. Der »Beziehungspfleger« schöpft seine kreative Kraft aus dem harmonischen Zusammensein mit Menschen. Er setzt sein ganzes Einfühlungsvermögen ein, um jeden einzelnen Mitarbeiter und Kunden zu verstehen und mit ihm eine Beziehung aufzubauen. Der »Beziehungspfleger« begleitet das Team während des gesamten Prozesses, um ihm eine angenehme und persönliche Erfahrung zu vermitteln. »Beziehungspfleger« sind Anlaufstellen, um Charaktere moderieren zu können. Ihr Einfühlungsvermögen steht dafür, dass die Mitarbeiter untereinander verstehen und respektieren. Nur so arbeiten alle zielgerichtet und motiviert. Wenn es an Sozialkompetenz mangelt, kann das ganze Team auseinander brechen. Der Punkt Sozialkompetenz ist unseres Erachtens einer der wichtigsten, um eine Führungsaufgabe in innovationsnahen Bereichen eines Unternehmens übernehmen zu können.

Der Barrierenbeseitiger

Der »Barrierenbeseitiger« ist ein unermüdlicher Problemlöser. Die Herausforderung, Aufgaben zu meistern, die niemand zuvor angegangen ist, verleiht ihm große Energien. Sieht er sich mit einem Problem konfrontiert, so weicht er diesem geschickt aus, ohne jedoch sein Ziel aus den Augen zu verlieren. Sein Optimismus und seine Beharrlichkeit können großen Ideen zum Durchbruch verhelfen oder auch Rückschläge in größte Unternehmenserfolge verwandeln – und das ungeachtet der Schwarzmalerei von Bedenkenträgern. Der Barrierenbeseitiger tut die Budget- und Ressourcenverteilung nicht als »Politik« oder »Bürokratie« ab, sondern versteht sie als komplexes Schachspiel, bei dem er antritt, um zu gewinnen.

»Ein Innovator muss einen hohen Grad an Energie haben, begeisterungsfähig sein, begeisternd wirken und entsprechend noch andere von Ideen begeistern können. Zusätzlich muss er in der Lage seine Innovationen wirklich auch in der Praxis umzusetzen – nicht nur tolle Ideen zu haben und zu entwickeln und dann sagen ›so jetzt macht mal weiter‹ – sondern er muss beweisen dass er diese auch umsetzen kann.« *Frosta*

Der Zusammenarbeiter

Der »Zusammenarbeiter« gehört zu der seltenen Spezies, die das Team klar über das Individuum stellt. Das Interesse der Sache im Blick, überredet der »Zusammenarbeiter« andere Kollegen, über ihren Tellerrand zu schauen und in multidisziplinären Teams zusammen zu arbeiten. Er durchbricht traditionelle Barrieren innerhalb der Organisation und bietet den Teammitgliedern die Möglichkeit, neue Rollen auszuprobieren. In seiner Rolle als Coach gibt der »Zusammenarbeiter« seinem Team das nötige Vertrauen und die Fähigkeiten, den gemeinsam begonnen Weg erfolgreich zu Ende zu gehen. Gerade in traditionsreichen, oftmals familiengeführten Unternehmen, deren Selbstverständnis durch Unaufgeregtheit und Besonnenheit gekennzeichnet ist, ist dieses Merkmal ein wichtiges Erfolgsgeheimnis.

»Neben eigener intellektuelle Tiefe sehen wir eine hohe soziale Kompetenz und Moderationsfähigkeit als grundsätzlich wichtig an. Der Team-Leader bei uns muss uneitel sein. Er muss seinen Teammitgliedern den Ruhm lassen können oder deren Ruhm sogar transportieren. Er ist der erfahrene Coach, der das Projekt steuert und strukturiert nach vorne bringt. Er ist an dieser Stelle auch der Unternehmer für dieses Projekt.« *Freudenberg*

Der Anleiter

Ein »Anleiter« muss sich und seine Ansichten durchsetzen können. Es obliegt seiner Fach- und seiner Sozialkompetenz, dass er dies argumentativ erreicht. Klar muss aber auch sein, wenn Argumente geprüft und für gut befunden wurden, muss eine Diskussion ein Ende haben und die Ergebnisse müssen in Aktion umgesetzt werden. Es liegt an ihm, diesen Prozess zu moderieren. Durchsetzungskraft hat aber auch noch eine zweite Ebene. Der »Anleiter« ist der Sprecher der Gruppe. Das Team erwartet, dass legitime Ansprüche und Forderungen des Teams innerhalb des Unternehmens vom »Anleiter« durchgesetzt werden. Zum Beispiel beim Ressourcenwettstreit gegenüber anderen Bereichen. Oder aber gegenüber dem Top-Management. Der optimale Team-Leader muss sich nach innen, dem Team gegenüber durchsetzen können, und nach außen, anderen Strukturbestandteilen des Unternehmens.

Der »Anleiter« behält den Überblick und hat ein extrem feines Gespür für die Organisation. Er versteht es hervorragend, die Voraussetzungen dafür zu schaffen, dass alle ihr Bestes geben und Projekte realisiert werden können. Durch Inspiration und die Übertragung von Verantwortung motiviert er seine Mitstreiter, sich einzubringen und Neues anzunehmen. Sie stehen in der Regel im Zentrum der Aktivitäten und sind für alle sichtbar.

»Der ideale Team-Leader muss auf der einen Seite über ein sehr großes Fachwissen verfügen und daraus auch seine Autorität ableiten. Anerkennung kann sich eine Führungskraft nur über die fachliche Autorität erarbeiten. Es muss eine Person sein, die gut integrieren kann, also ein guter Moderator ist. Und die Person muss gut führen können. Leadership heißt ja nicht immer Management bei Konsensus. Eine Führungskraft muss im Team auch eine konträre Meinung durchsetzen können. Und nicht nur im Team, auch dem Top-Management gegenüber.« *Qiagen*

Der Bühnenbildner

Der »Bühnenbildner« sieht in jedem Tag die Chance, Arbeitsbereiche lebendiger zu gestalten. Er schafft ein Arbeitsklima, das das Individuum feiert und die Kreativität stimuliert, und kreiert so eine energiegeladene und beflügelte Innovationskultur. Um mit den sich ewig ändernden Bedürfnissen Schritt zu halten und Innovation langfristig zu ermöglichen, verändert der »Bühnenbildner« den Raum. Offene Arbeitsräume sind seine Arena. Damit wird der Raum selbst zu einem extrem wandlungsfähigen und mächtigen Instrument.

Der Geschichtenerzähler

Der »Geschichtenerzähler« weiß die Vorstellungskraft durch lebhafte Erzählungen zukünftiger Paradiese zu schüren. Er wählt unter vielen Medien das Medium aus, das seiner Botschaft und seinen Fähigkeiten am besten entspricht. Dazu gehört die mündliche Überlieferung ebenso wie beispielsweise Animationen. Seine Geschichten sind sehr authentisch und lösen Emotionen und Aktivität aus. Der »Geschichtenerzähler« somit kann Werte und Ziele vermitteln, die Zusammenarbeit fördern, Mythen erschaffen und Menschen und Organisationen in die Zukunft führen.

Der Multiplikator

Das Top-Management ist in letzter Instanz für den Unternehmenserfolg verantwortlich. Aus diesem Grund liegt es im Selbstverständnis dieser Personengruppe, dass sie die Richtung vorgibt und damit die Bildung der Vision. Das Unternehmen blickt bei allen sich bietenden Gelegenheiten zum Top-Management, um sich zu überzeugen, dass die Botschaft ernst gemeint ist. Die Mitarbeiter wollen sehen und spüren, dass an der Spitze des Unternehmens glaubwürdig und im Einklang mit den Leitbildern gehandelt wird. Aber das Top-Management kann nicht überall sein. Und es kann schon gar nicht jederzeit überall sein, um die Vision vorzuleben und zu bestärken. Dazu braucht ein Unternehmen die Hilfe aller Führungskräfte und Mitarbeiter. Es braucht Multiplikatoren. Multiplikatoren für die Vision, die Werte, den Arbeitsstil – kurz für die Innovationskultur.

Es ist von der Sache her unerheblich, ob diese Personen eine Ebene unterhalb des Vorstandes oder der Geschäftsleitung arbeiten, oder ob sie gerade erst die erste Stufe auf der Karriereleiter erklommen haben. Multiplikatoren sind das verbindende Element zwischen der Unternehmensleitung und der breiten und wichtigen Basis eines Unternehmens. Nur ein hervorragend motiviertes Potenzial an Multiplikatoren schafft es, Impulse für Neues täglich und dauerhaft in das Unternehmen zu tragen.

Die Wichtigkeit von Multiplikatoren kann gar nicht hoch genug eingestuft werden. Es sind die Multiplikatoren, die den Schwung im Unternehmen erst richtig herstellen. Ihre hohe Zahl sorgt dafür, dass jederzeit und überall Kontaktfläche für die Vision und den Impuls im Unternehmen besteht. Ihre Identifikation mit dem Unternehmensleitbild und mit den Zielen des Unternehmens sind Vorbild für alle Mitarbeiter im Unternehmen. Wenn sie begeistern, sind um so mehr begeistert. Wenn sie die Werte des Unternehmens vorleben, werden viele folgen.

Woran man einen echten Innovation-Leader erkennt

Hervorragende Mitarbeiter sind das Rückgrat der Innovationskultur, das Rückgrat eines Unternehmens. Sie sind es, die den Funken des Neuen aufnehmen und zum Feuer der Leidenschaft zur Umsetzung machen. Innovatoren wachsen im Unternehmen und mit dem Unternehmen. Das einzelne Individuum verkörpert dabei immer eine Mischung der Charaktere und Rollen, die wir gerade dargestellt haben und die für Innovationen unerlässlich sind.

Top-Unternehmen stecken sehr viel Aufmerksamkeit in die Gewinnung und Entwicklung solcher Mitarbeiter. In großen Organisationen, in denen die Unternehmensleitung naturgemäß nicht mehr jeden kennen kann, müssen Mitarbeiter im Laufe ihrer Entwicklung nach einheitlichen Kriterien beurteilt werden. Und zwar auch einheitlich über den gesamten Konzern hinweg.

Wenn dies gelingt, entspricht dies nicht nur einer Forderung nach maximaler Gerechtigkeit im Unternehmen. Es sichert auch ein Höchstmaß an Integrierbarkeit und Kombinationsfähigkeit in die internen und externen Innovationsnetzwerke. Das stabilisiert und fördert die Innovationskultur. Aus der Erfahrung hoch innovativer Unternehmen kann man einen guten Innovation-Leader an der Erfüllung von sechs Anforderungen erkennen:

Die Richtung vorgeben

Innovative Unternehmen erwarten, dass ihre Führungskräfte klare Ziele entwickelt und kommuniziert. Sie müssen fähig sein, diese Ziele in einen Aktions- beziehungsweise Implementierungsplan umzusetzen. Sie sollten flexibel sein, die Richtung auch auf wechselnde Gegebenheiten anzupassen. Es geht um unternehmerisches Denken. Es ist wichtig, dass die Führungskraft nicht nur strukturiert denken kann, sondern die Ideen auch in motivierende Ansprüche umsetzen kann.

Die Messlatte anheben

Führungskräfte sollten realistische Ziele setzen können. Wenn klar ist, dass diese Ziele erreicht werden können, wollen Top-Unternehmen aber nicht, dass es dabei bleibt. Wie bei einem guten Sportler ist das der Ausgangspunkt dafür, dass die Ziele angehoben werden sollten; moderat, nicht überzogen. Ein gutes Pferd springt knapp. Herausfordernde Ziele wirken motivierend. Die höchste Leistungsbereitschaft wird erzielt, wenn die Ziele spezifisch, messbar, erreichbar, begründet, zeitlich realistisch und herausfordernd sind. Die meisten Menschen akzeptieren herausfordernde Ziele in besonderem Maße, wenn sie in den Zielfindungsprozess einbezogen sind.

Motivation anderer anregen

Wir haben die persönliche Energie und Überzeugung als einen wichtigen Faktor für erfolgreiche Innovationen kennen gelernt. Innovation-Leader sollen sowohl Einzelne als auch Teams inspirieren und mitreißen können. Sie sind auch persönlich dafür verantwortlich, ein positives Klima zu schaffen, in dem die Mitarbeiter das jeweilige Geschäft wirklich verstehen und sich dafür begeistern können. Innovation-Leader müssen auch ein Klima schaffen können, in dem Mitarbeiter die Möglichkeiten erfahren, Risiken zu übernehmen, Neues zu entwickeln und einen Beitrag zu leisten und zu lernen.

Die Motivation anderer anregen zu können, heißt auch, einen persönlichen Zugang zu den Mitarbeitern zu finden und alle Möglichkeiten auszuschöpfen, um den einzelnen Mitarbeiter zu Höchstleistungen zu motivieren. In diesem Zusammenhang wichtige Fähigkeiten sind Kommunikationsverhalten und Führungsverhalten. Stichworte wie Respekt, Überzeugen, Fairness, Delegieren und Begeisterung wecken finden sich hier wieder.

»In der gesamten High-Tech-Industrie kann man beobachten, dass die Zeit der hervorstechenden Einzelleistung vorbei ist. Der Ansatz heute ist der Teamgedanke. Das funktioniert aber nur, wenn jeder erst einmal Respekt vor dem anderen entwickelt. Und Respekt vor dem, was der andere tut.« *Motorola*

Die Fähigkeit, Menschen zur Zusammen- und zur Teamarbeit zu bringen und dabei die führende Rolle zu übernehmen, ist hier gefragt. Um andere zu inspirieren und zu ermuntern, ist eine gute Kommunikation und Information Voraussetzung.

Einfallsreichtum beweisen

Jemand, der ein Handbuch braucht, oder dem man genau sagen muss, was er tun soll, hat in innovativen Unternehmen kaum noch eine Chance. Gesucht werden Menschen, die gerne selbstständig arbeiten und sich Herausforderungen suchen, um weiterzukommen. Mitarbeiter, die proaktiv und flexibel an die Aufgabe herantreten, den Wissensvorspung, die Kundenzufriedenheit, die Effizienz und andere zentrale Unternehmenswerte erhöhen.

Werte verkörpern

Innovation-Leader müssen Multiplikatoren, müssen »Überzeugungstäter« sein. Wir haben es bereits beschrieben, aber in aller Kürze noch mal: Wer führen will, muss an das Unternehmen und dessen Vision glauben. In internen Diskussionen, im Arbeitsverhalten, aber auch außerhalb des Unternehmens repräsentieren Innovation-Leader die inhaltlichen und die Arbeitswerte des Unternehmens. Reife Innovationskulturen haben offene Türe, offene Kommunikation und eine Grundhaltung zur

Vorwärtsorientierung. Sich hinter vorgehaltener Hand kritisch oder destruktiv zu verhalten, passt nicht in das Bild eines Innovation-Leaders.

Ergebnisse erzielen

Letztendlich steht das Ergebnis des Unternehmens als entscheidende betriebwirtschaftliche Größe im Raum. Und so ist es für jedes Unternehmen selbstverständlich, dass ein Innovation-Leader sich auch daran messen lassen muss, wie ergebnisorientiert er gehandelt hat. Unternehmen wollen viele kleine Unternehmer in ihren Reihen, entsprechend viel Wert legen sie auf starke Umsetzungsfähigkeiten.

In vielen Unternehmen, die weltweit agieren und die stark von Innovationen abhängen, kann man ein solches Erwartungsprofil an die Führungskräfte finden. Bei der 3M beispielsweise heißt die Summe der Kriterien »Leadership Attributes«.

Deren Beurteilung ist ein kontinuierlicher Prozess und Teil der Unternehmensstrategie, die auf eine größtmögliche Transparenz des einzelnen Mitarbeiters hinsichtlich seines Beitrags zum Unternehmenserfolg setzt. Die laufende Bewertung der Führungskräfte erfolgt nach einem Notenschema, das in der Skala von eins bis fünf reicht. Dabei ist eins die schlechteste und fünf ist die beste zu erreichende Bewertung. Die Einschätzung wird in zwei jährlichen Team-Reviews im Kreise aller Vorgesetzten diskutiert. Verbunden ist dies mit einem generellen »Contribution Code« und einem Code, der beispielsweise die Übernahme weitergehender Verantwortung adressiert. Alle Ergebnisse gehen in eine zentrale, weltweite Datenbank. Die Performance in den Leadership-Attributes wird von allen sehr ernst genommen, vom Unternehmen, als auch von den einzelnen Mitarbeiter. Denn erst das »richtige« Profil fördert das Vorwärtsstreben des Unternehmen und eröffnet den Mitarbeitern gleichzeitig die Chance, dauerhaft mitzugestalten.

Andere Unternehmen mögen andere Beurteilungskriterien für die Bewertung der Leistungskraft ihrer Leader, ihrer Führungskräfte haben. Viele werden im Kern die »harten« Faktoren gewichten: Wie viel Ergebnisbeitrag liefert der Manager? Hat er seine ihm gesteckten Ziele

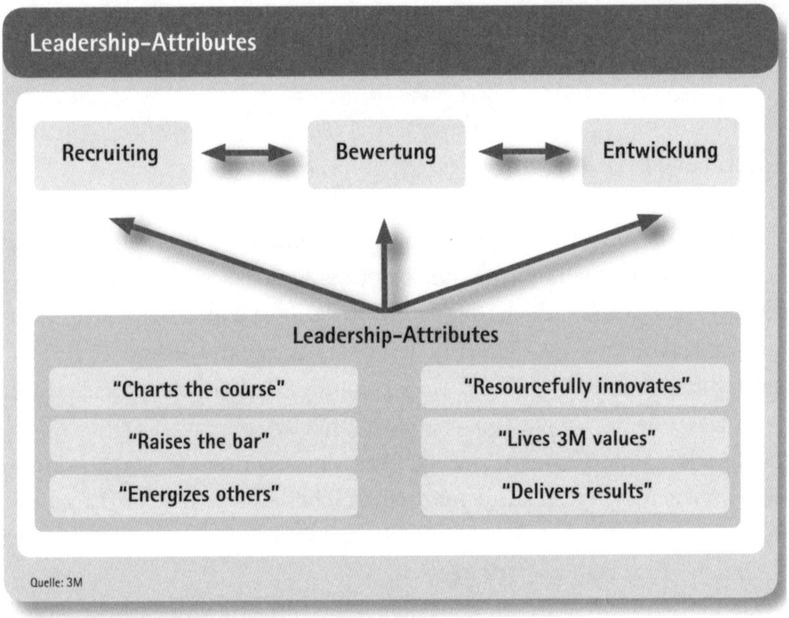

erreicht? Hat er sein Budget eingehalten? All diese Fragen spielen im täglichen Geschäft eine wichtige Rolle. Wichtig ist jedoch: Was nutzt ein hoher Ergebnisbeitrag, wenn auf der anderen Seite zukünftige Chancen oder das Potenzial von Mitarbeitern, von Teams verspielt werden?

Erst die Gesamtbetrachtung von harten und weichen Attributen gewährleistet, dass es ein zielführendes und konstruktives Miteinander wird, das eine gute Innovationskultur ausmacht.

Top-Talente gewinnen und entwickeln

Bei der derzeitigen demografischen und Ausbildungssituation bemerken Unternehmen, dass die Rekrutierung von guten, ausgebildeten und motivierten Talenten schwerer wird. Der Käufermarkt wird zum Verkäufermarkt. Das Unternehmen wird nicht mehr einseitig die Konditionen für den Einkauf junger Nachwuchskräfte bestimmen können. Die Besten der Hochschulabgänger können sich heute schon unter vielen Angeboten das ihnen zusagende auswählen. Top-Talente, die jedes Unternehmen gerne zur Verstärkung ihrer Reihen begrüßen möchten, sind eine sehr knappe Ressource. Sie sind in der Regel auch sehr sensible Entscheider. Vor allem international orientierte Hochschulabsolventen legen ihrer Entscheidung für den zukünftigen Arbeitgeber heute vielfältigere und andere Kriterien zu Grunde als in der Vergangenheit. Natürlich spielt das angebotene Gehalt auch weiterhin eine Rolle, die materielle Motivation von High Potentials wird aber häufig überschätzt.

Vielmehr suchen sie Herausforderungen, gute Entwicklungsmöglichkeiten und eigenverantwortliches Arbeiten. Große innovative Unternehmens stehen nach wie vor in Konkurrenz zu kleinen, aber schnell wachsenden Unternehmen, z. B. der Informations- oder Biotechnologie. Besonders dann, wenn sie bereits Einsteiger über Beteiligungsmodelle am Unternehmenserfolg teilhaben lassen.

Unternehmen müssen daher attraktive Karriereprogramme bieten sowie eine Arbeitsatmosphäre entwickeln, die alle Merkmale einer erstklassigen Innovationskultur aufweist – Erweiterung des persönlichen Horizonts, Wissensaufladung, Interkulturalität, Flexibilität, Wertschätzung. Nur so können sie zum echten »Magneten für Talente« im heiß umkämpften Bewerbermarkt werden.

»Wenn Sie sich unser Hauptgebäude der Chemiesparte in Wesel anschauen, werden Sie feststellen, dass nur ein kleiner Teil Verwaltung ist. Der weitaus größere Teil ist Labor. Und dieser Labortrakt ist vom Keller bis zur Decke mit dem Feinsten ausgestattet, was man als Unternehmen seinen wissenschaftlichen Mitarbeitern bieten kann. Wenn jemand aus der Hochschule kommt und das zum ersten Mal sieht, kommt er aus dem Staunen nicht mehr raus. Das ist ein Argument, das zählt.«

ALTANA

Beste technische Ausstattung ist für die forschungsorientierten Mitarbeiter nicht nur Motivation. Es ist für sie Ansporn zu Höchstleistungen. Zu wissen, dass man bei seinen Versuchen auf die besten Apparate zurückgreifen kann, treibt auch den Ehrgeiz nach vorne, Top-Resultate zu liefern.

Die Magnetwirkung des Unternehmens wird verstärkt, wenn Unternehmen ein erstklassiges Innovationsimage oder eine gute Position in

Wettbewerben wie beispielsweise »100 Best Companies to Work For in America« oder »Deutschlands Beste Arbeitgeber« aufweisen. Eine guten, intern und extern orientierten Innovationskommunikation kommt hiermit ein besonderes Gewicht zu.

Die Situation eines engen Arbeitsmarktes für den Innovationsnachwuchs zeigt neue Formen der Bewerbersuche und -auswahl. Viele Unternehmen arbeiten inzwischen sehr gezielt mit Talentscouts auf Informations- und Universitätsveranstaltungen. Es gehört bei vielen Unternehmen für Führungskräfte zur Pflicht, bei Hochschultagen vor Studenten Vorträge zu halten und danach Rede und Antwort zu stehen. Praktika, die Betreuung von Diplomarbeiten und Dissertationen stellt eine weitere ausgezeichnete Gelegenheit zum gegenseitigen kennen und schätzen lernen dar. Unternehmen sollten dies als Chance begreifen. Die Motivation der Mitarbeiter kann also schon beginnen, längst bevor sie Mitarbeiter sind. Um wie viel einfacher ist es, junge Menschen – die späteren Führungskräfte und Impulsgeber für das Unternehmen – in einer frühen Phase mit den Bestandteilen einer hervorragenden Innovationskultur bekannt zu machen.

Und das ist sicherlich ein ganz wichtiger Punkt: Die Mitarbeiter müssen in das soziale und kulturelle Gefüge des Unternehmens passen. Für eine erfolgreiche Zusammenarbeit ist es ganz entscheidend, sich vorher schon intensiver kennen gelernt zu haben, als in konventionellen Bewerbungsverfahren. Man muss zueinander passen.

»Die Förderung der Nachwuchskräfte von Morgen in Projekten wie dem ›Junior Management Circle‹ ist uns sehr wichtig. Wir schaffen somit ein Netzwerk von Kompetenzträgern aus eigenen Reihen, die gemeinsam das Ziel der besten Führungsmannschaft vor Augen haben. Feedback bezüglich der Motivation und Projektfortschritte in den einzelnen Bereichen und Ebenen erfragen wir zum Beispiel – unabhängig von den Regelmeetings – in lockeren Diskussionsrunden im Rahmen eines Frühstücks.« *Vaillant*

Das gibt den Unternehmen darüber hinaus die Chance, »junge Wilde« mit Unternehmeranspruch als Quelle einer Start-up-Idee, als Ideenquelle für Innovationen, zu sehen.

Die Einstellung ist wichtig, die Entwicklung von Top-Talenten aber noch viel mehr.

Top-Unternehmen setzen zunehmend darauf, die Führungspositionen so weit wie möglich aus den eigenen Reihen, aus dem eigenen Nachwuchs zu besetzen. Erstklassige Multiplikatoren sind gefragt.

Wenn Talente im eigenen Haus heranwachsen, ist es wichtig, dass sie wahrgenommen werden. Nicht selten kommt es in Unternehmen vor, dass begabte Mitarbeiter vor einer Betonwand stehen, sei es in Form eines Vorgesetzten, der nicht möchte, dass ersichtlich wird wie mühelos der junge Kollege Probleme bewältigt, an denen er selber viel länger arbeitet. Sei es in Form mangelnder Karrieremöglichkeiten in der Abteilung, in der er sich befindet. »Entschuldigen Sie, Herr Maier, wir haben halt nur zwei Gruppenleiterpositionen«, lautet sinngemäß häufig die Antwort des Vorgesetzten. Dies darf nicht sein. Im Sinne eines gut funktionierenden Netzwerkes als nicht-formale Organisationsstruktur muss gewährleistet sein, dass junge Talente im Konzern nicht nur wahrgenommen werden können. Sie müssen wahrgenommen werden! Es ist Aufgabe eines Vorgesetzten, seine jungen Talente dem Konzern anzubieten.

»Jeder Geschäftsbereich hat seine eigenen Entwicklungspfade. Neu bei Motorola ist aber die Tatsache, dass zwischen den Geschäftsbereichen Durchlässigkeit besteht. Früher waren die Geschäftsbereiche gegeneinander abgeschottete Silos. Heute stellen wir die besten Mitarbeiter auf speziellen Konferenzen allen Geschäftsbereichen vor.« *Motorola*

Und dabei bleibt es nicht. Wenn sich ein Geschäftsbereichsleiter für ein Talent aus einem anderen Geschäftsbereich interessiert, so wird der Wechsel zwischen den Geschäftsbereichen unterstützt. Talente werden so effizient gefördert. Das hebt die Motivation und bringt jungen Innovationstreibern die Möglichkeit, sich früh in Netzwerke im Unternehmen einzubinden.

»Wenn wir jemanden mit Potenzial identifiziert haben, beziehen wir ihn in unser Netzwerk ein. Das tun wir, indem wir die Person irgendwann einmal ansprechen und bitten, bei der Lösung eines Problems mitzuhelfen. Wir äußern zunächst nur eine Bitte. Da merken Sie schon an der Reaktion, wie es weiter geht. Die meisten helfen nebenbei zu ihrer Arbeit und sind auch glücklich damit. Wir müssen hier alle umdenken, weg von der klassische Hierarchie hin zu einem offenen, unterstützenden Rollenverständnis im Netzwerk.« *Siemens*

Das Identifizieren von potenziellen Team-Leadern ist ein wichtiger Prozess. Menschen sind der entscheidende Faktor für den zukünftigen Erfolg eines Unternehmens. So viel Mühe sich ein Unternehmen bei der Gestaltung seiner Prozesse und Strukturen gibt, so viel Schweiß sollte es mindestens auf die Suche und Förderung seiner Mitarbeiter legen. Einen potenziellen Team-Leader identifiziert zu haben, heißt, ein Samenkorn in der Hand zu halten. Es kommt auf den Boden an, in den es gepflanzt wird, es kommt auf die Pflege an, ob daraus auch das gewünschte Resultat entsteht.

Dies sicherzustellen, ist auch stark von der Qualität der Mitarbeiterentwicklungsprogramme abhängig. Kaum etwas ist wichtiger, als ein Gefühl dafür zu haben, wie es weiter gehen wird. Wie werde ich gesehen? Wie sind meine Chancen im Unternehmen? Führt meine Leistung auch zu einer entsprechenden Beförderung? Und wann? Top-Talente wollen klare Optionen aufgezeigt bekommen.

»In unserem Management-Development-Program wählen wir 25 Mitarbeiter aus, die dann einen 18 Monate dauernden Prozess durchlaufen. Das Programm findet in den unterschiedlichsten Teilen der Welt statt. Die Mitarbeiter bekommen auch externe Trainer zugeteilt. Die Aufgaben für sie sind maßgeschneidert. Zu den Aufgaben gehören nicht nur fachliche. Die Mitarbeiter müssen auch mit Themen wie Work-Life-Balance umgehen können. Sie müssen an unterschiedlichen bereichsübergreifenden Projekten mitarbeiten. Aus der Unternehmensleitung bekommen die Nachwuchskräfte einen Sponsor und einen Mentor zugeteilt. Und wir aus der Unternehmensleitung stellen uns der Diskussion. Das hat zur Folge, dass diese Leute uns kennen lernen und wir sie. Die informellen Kontaktwege verbessern sich. Da gibt es keine Scheu, die Türen sind offen.« *ALTANA*

In diesem Beispiel haben 24 Partner im Netzwerk 24 verschiedene Sets an Wissen und Fähigkeiten. Diese im gegenseitigen Vertrauen zu nutzen und zu benutzen, sollte nach gemeinsamen 18 Monaten keine Frage mehr sein.

Gute Unternehmen bieten je nach Typus Mensch auch unterschiedliche Karrierepfade für Innovatoren an. Insbesondere in entwicklungsnahen Bereichen des Unternehmens ist die Zahl der Naturwissenschaftler sehr hoch. Nicht jeder Naturwissenschaftler möchte in seinem Arbeitsleben eine Managementverantwortung übernehmen. Viele Naturwissenschaftler möchten einfach an der Sache arbeiten. Deswegen sind sie nicht besser und nicht schlechter als jene Kollegen, die sich irgendwann dafür entscheiden auch generelle Managementaufgaben zu übernehmen.

»Wir bieten den Mitarbeitern im Innovationsbereich zwei verschiedene Karrierewege an. Einer ist ein rein wissenschaftlicher Karriereweg, einer ist ein Managementweg. Wir tragen damit einfach der Tatsache Rechnung, dass es Mitarbeiter gibt, die wissenschaftlich arbeiten wollen und andere, die verstärkt Managementverantwortung übernehmen.« *Qiagen*

Dieses, in anderen Unternehmen so genannte »Dual-Ladder-Programm« ermöglicht es Nachwuchskräften aus den Bereichen Wissenschaft und Forschung, Karrieren nicht nur im Management zu machen – bei gleichen Entwicklungsmöglichkeiten und gleicher Wertigkeit.

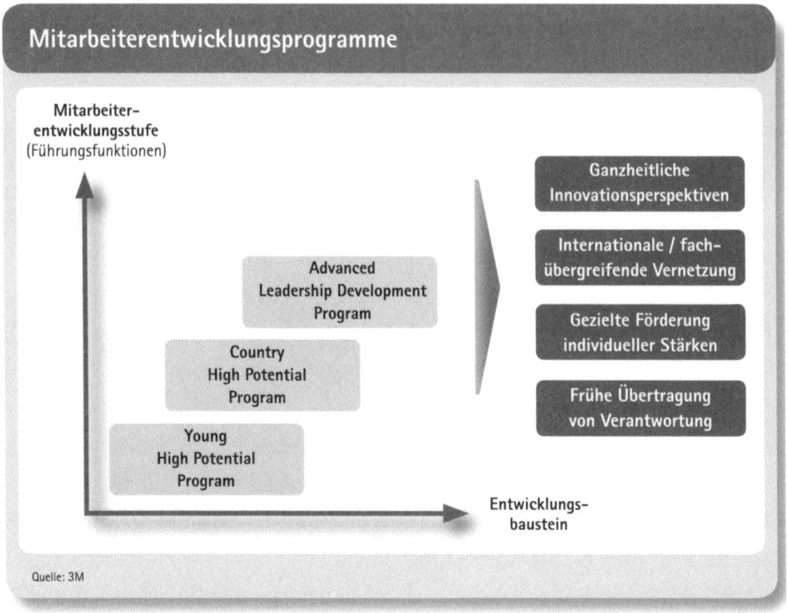

Das Wachstum der Eigenverantwortung, der verantwortungsvolle Umgang mit Freiheiten und Freiräumen wird am besten gefördert durch eine frühe Übertragung von Verantwortung.

»Wir geben Mitarbeitern sehr früh Verantwortung. Wir geben ihnen den Freiraum, damit sie sich profilieren können. Wir picken dann auch durchaus Leute aus der zweiten und dritten Reihe heraus und geben ihnen die Verantwortung für größere Projekte.« *Qiagen*

Die Zeiten der chronologisch starren Beförderungen und Karrieren sind vorbei. Wenn ein Unternehmen ernst machen will mit der Aussage, dass Leistung zählt, dann darf Alter keine Rolle spielen. Dann dürfen nur noch Leistungskriterien fachlicher und sozialer Art den Ausschlag geben, wer der Team-Leader ist. Das paternalistische Rollenverständnis hat hier an dieser Stelle ausgedient. Im Rahmen einer Entwicklung muss es möglich sein, bei entsprechender Leistung und Bewährung Hierarchiestufen überspringen zu können. Der Bessere muss vorne stehen. Es entfesselt Leidenschaft, wenn die Mitarbeiter sehen, dass fachliche und soziale Kompetenz, die Geländegängigkeit in Netzwerken und auf internationalem Parkett, die ausschlaggebenden Kriterien für den weiteren beruflichen Weg sind.

Corporate Universities – Plattform für *eine* Innovationskultur

Die Innovationskultur eines Unternehmens muss ständig »betankt«, ständig »aufgeräumt« werden. So wie ein Schreibtisch oder ein Büro oftmals im Laufe des Arbeitstages durcheinander gerät, verändern sich alle sozialen und organisatorischen Gebilde, wenn man sie zu sehr sich selbst überlässt. Gelegentlich muss man also innehalten, die Lage beurteilen und dann die Dinge wieder gerade rücken.

Im großmaßstäblichen Kontext eines Konzerns hat sich die Corporate University als eine Plattform zur intellektuellen Aufladung, Horizont-Erweiterung und Netzwerkbildung bewährt.

Ausbildung und Weiterbildung sind heute essenzielle Stimuli für Talente und Führungskräfte verschiedener Erfahrungsstufen. Mitarbeiter, die die Karriereleiter in einem Unternehmen nach oben kommen wollen, müssen eine hohe Lernbereitschaft zeigen.

Die verschiedensten Programme stehen hierfür zur Verfügung und die meisten davon sind heute ein »commoditiy«. Im Rahmen unseres Blickwinkels wollen wir versuchen Aspekte herauszuarbeiten, die für die Entwicklung einer optimalen Innovationskultur wichtig sind. Natürlich gibt es in alter klassischer Manier Programme, die »nur« dazu dienen, Wissen zu vermitteln und Wege aufzuzeigen, wie Mitarbeiter rasch an Wissen kommen können. Diese Programme sind wichtig, da sie die Grundlage für einen Wissensstandard im Unternehmen legen und dem Individuum gerichtet den Weg zeigen, wie es sein Wissen gemäß den Erwartungen des Unternehmens vermehren kann. Gleiches gilt für das Erlernen von sozialen Kompetenzen. Auch hier bieten die großen Unternehmen bereits eine breite und bewährte Palette an Tools an. Aber gute Ausbildungsprogramme zielen noch auf eine andere Dimension, deren Nützlichkeit wir bereits an anderer Stelle im Buch exponiert dargestellt haben: Netzwerke bilden und Multiplikatoren erzeugen

Schauen wir uns beispielsweise ein Ausbildungsprogramm von Alcatel an. STRETCH nennt Alcatel sein Ausbildungsprogramm für High Potentials. Neben fachlichen Aspekten sind als herausragende Ziele genannt:

- motivates and retains talented people,
- stimulates Innovation and Change and
- encourages networking and sharing across boundaries;

Wichtige Elemente der Innovationskultur finden hier ihre Berücksichtigung: Die Motivation der Führungskräfte steht an exponierter Stelle. Innovationen und Veränderungen anregen ist ein erklärtes Ziel. Die Dynamik im Unternehmen in Gang zu bringen und zu halten ist eine der wichtigsten Aufgaben, die Team-Leader haben. Und Alcatel fördert im STRETCH-Programm die Netzwerkbildung über Grenzen. Was erhofft sich Alcatel von diesen Ausbildungszielen? Erst einmal, dass der Mitarbeiter sich noch einmal verinnerlicht, für was das Unternehmen eigentlich steht. Dann, dass er eine eigene Standortbestimmung vornehmen kann. Was für einen Beitrag erwartet das Unternehmen von mir? Und was kann ich leisten? Stimmen Anspruch und Realität überein? Ein weiterer wichtiger Punkt ist die Persönlichkeitsentwicklung. Gerade Führungskräfte müssen im Rahmen ihrer Aufgaben persönlich überzeugen können. Um den Mitarbeitern Idee und Richtung geben zu können, bedarf es persönlicher und sozialer Fähigkeiten, die weit über die Fachfähigkeiten hinausgehen. Und wie wir bereits gesehen haben, sind es die Führungskräfte, die die Vision des Unternehmens täglich in ihren Teams vorleben müssen und das Ziel am fernen Horizont genau so wie das der Tagesarbeit den Mitarbeitern mit Leidenschaft vor Augen halten müssen.

Fünf Punkte sind es, die Alcatel bei der Ausbildung ihrer High Potentials wichtig sind: Menschen und Zusammenarbeit, Entrepreneurship, vorbildliches Verhalten, Schwung und strategisches Denken.

Das Programm ist auf 18 bis 24 Monate ausgerichtet und berücksichtigt die Internationalität des Konzerns. So ist die erste Phase von STRETCH lokal angesiedelt. Die zweite Phase findet dann in einem internationalen Einsatz statt. Genug Freiraum also, um Wissen zu erwerben und ebenso genügend Freiraum und Zeit, neue Netzwerke zu bilden und in bestehende Netzwerke Eingang zu finden.

Die Alcatel University beschäftigt rund 440 Mitarbeiter, darunter 60 Prozent für Produkttrainings. Ein weiterer Vorteil ist das Zusammentreffen von Kunden und Mitarbeitern in der Universität. 65 Prozent der 1,7 Millionen Trainingstunden im Jahr gehen an die Mitarbeiter, die verbliebenen 35 Prozent dienen zur Schulung von Kunden. Das ist auch eine Chance, den »Spirit« des Unternehmens an die wesentliche Quelle des Erfolgs zu tragen, die Kunden.

Nicht nur im Rahmen von Corporate Universities, sondern als Pflichtprogramm für jeden Mitarbeiter in Innovationsbereichen, sollte ein »Horizoning« verankert werden. Darunter ist das gezielte Vernetzen von Management mit ganz anderen, klassischen Kulturbereichen gemeint – Malerei, Architektur, Musik. Das sind kreative Künste par excellence. Es ist immer wieder erstaunlich, welch hohe inspirative Kraft freigesetzt wird, wenn Manager, insbesondere die, die professionell »das Neue« erzeugen sollen, sich vertiefend und mit diesen Künsten auseinandersetzen. Horizoning in dieser Form steht noch am Anfang einer weiteren Verbreitung, ist aber ein Ansatz, der »zündende Funken« in einer Anzahl und Qualität erzeugen kann, wie kein anderes, konventionelles Ideen-Tool.

»Sie sind es uns wert«, lautet die unausgesprochene Botschaft des Unternehmens an den Mitarbeiter. Und dieser hört diese unausgesprochene Botschaft sehr genau. Qualifizierung erhöht die Motivation des Arbeitnehmers und nach erfolgreicher Absolvierung das verfügbare Wissen im Unternehmen.

Bei allen kulturellen Unterschieden, die sich aus den verschiedenen Herkunftsländern der Innovationsteams ergeben, sorgen Plattformen wie eine Corporate University in Großunternehmen dafür, dass im Unternehmen nur *eine* Innovationskultur, nur ein Verständnis von Unternehmen und Zusammenarbeit herrscht.

Mittelständische Unternehmen stehen hier vor einer besonderen Herausforderung. Einerseits werden auch sie deutlich internationaler, was an der Zunahme globaler Marktexpansionen, Emerging-Markets-Sourcing, Produktionsverlagerungen und internationalen Gemeinschaftsentwicklungen gut abzulesen ist. Andererseits verfügen die eigenen Mitarbeiter häufig über keine »echten« internationalen Erfahrungen. Auf der anderen Seite des »Kulturbogens« stehen Mitarbeiter von Unternehmen eines fremden Produktionslandes, die ebenfalls in der Summe meist nur über eingeschränkte internationale Erfahrungen verfügen. Dies ist ein Nährboden für gegenseitige Vorurteile und Missverständnisse. Diesen kann gezielt entgegengewirkt werden. Und zwar über maßgeschneiderte Programme, die exakt auf diese kommunikativen Problemfelder passen.

»Wir haben in Korea inzwischen 400 Mitarbeiter. Rund 25 Personen dort sind Entwickler. Diese Mitarbeiter haben nun mal eine andere Kultur, auch im Bereich Research & Development. Hier versuchen wir, in interkulturellen Teams, aber mit identischen Entwicklungstools, zu arbeiten. Auch dafür stellen wir ein spezielles interkulturelles Training zur Verfügung.« *Wilo*

Zahlen, Daten, Fakten zu Politik und Wirtschaft zählen ebenso zum Lehrplan wie die Thematisierung von gängigen Vorurteilen. Ein gegenseitiger Perspektivenwechsel hilft zu verstehen, wie die Mitarbeiter des anderen Landes die deutschen Kollegen sehen und was sie an Vorurteilen über Deutschland insgesamt haben. Welche Besonderheiten gibt es zum Beispiel im Arbeitsverständnis der indischen Kollegen zu beachten? Was wird dort unter Führung verstanden? Das Zeitverständnis in Indien entspricht nicht dem in Deutschland, eine Quelle häufiger Fehlinterpretationen. Man muss aber nicht in die Ferne reisen, um Missverständnisse zu erleben. Durch das Training werden sich die Mitarbeiter der unterschiedlichen kulturell bedingten Verhaltensmuster bewusst und respektieren die Meinung und das Verhalten der Mitarbeiter aus anderen Ländern viel mehr. Das gilt, wie gesagt, für beide Seiten. Alleine die Fähigkeit, Fehlinterpretationen erkennen zu können, die eigene Verhaltensweisen bei dem jeweils anderen beruflichen Gegenüber auslösen, ist ein großer Gewinn. Nicht nur für die Motivation des Mitarbeiters. Es reicht schon, im Tagesgeschäft um Innovationen zu ringen. Wie demotivierend ist es, in multikulturellen Teams zu arbeiten und am Abend sich zu fragen: »Wollen die Kollegen mich nicht verstehen, oder verstehen sie wirklich nicht, was ich meine?« Ein Unternehmen muss dies im Sinne einer guten Innovationskultur antizipieren und die entsprechenden Werkzeuge zur Verfügung stellen, um Demotivation in Motivation umschlagen zu lassen.

Auch wenn nur recht große Unternehmen es sich leisten können, eigene Corporate Universities zu gründen, steht es doch allen Unternehmen frei, auf ihre Bedürfnisse zugeschnittene Programme selbst zu entwickeln oder auf dem universitären Beratermarkt sich hier entsprechende maßgeschneiderte Bausteine einzukaufen. Höhere Motivation, schnellerer Zugang zu Wissen im Unternehmen und eine gesteigert Effizienz sind die Folgen. Drei entscheidende Stellhebel im Kampf um Vorsprung bei Innovationen.

Freiräume erzeugen – Barrieren beseitigen

Seit jeher, in jeder Studie und in jedem Report, steht bei der Frage, was denn zur Verbesserung der Innovationskultur getan werden müsse, der Begriff »Freiraum« im Zentrum der Antwort. Und sehr schnell wird in diesem Zusammenhang die berühmte 15-Prozent-Regel zitiert.

Das zeigt, dass es sich bei dieser Thematik um einen ganz wesentlichen Erfolgsfaktor handeln muss. Aber was heißt »Freiräume schaffen« eigentlich konkret? Handelt es sich um eine allgemeine Forderung, ist es Pflichtteil einer Sonntagsrede zum Thema Innovation? Ist die Idee ein Einfallstor für Ineffizienz und Unkontrollierbarkeit? Oder verbirgt sich dahinter vielleicht doch ein wirksamer, umsetzbarer Erfolgsansatz?

Wer Freiraum sagt, meint Eigeninitiative

Lassen Sie uns an dieser Stelle ein Zwischenfazit ziehen. Wer die Grundlage für eine gute Innovationskultur legen will, muss die Organisation, muss den Mitarbeitern zunächst auf eine gemeinsame Richtung, auf den übergeordneten »Sinn des Ganzen« einschwören. Die Vision gibt das Ziel vor.

Soll das ganze Kreativitätspotenzial der Organisation genutzt werden, steht Vernetzung im Vordergrund: Vernetzung von Markt- und Technologiewissen, Vernetzung über den Innovationsprozess hinweg und Vernetzung mit den Wissens- und Kreativitäts-Pools des Umfelds.

Die »Innovationsmaschine« Unternehmen funktioniert aber natürlich nur dann, wenn auch die richtigen Führungskräfte und Mitarbeiter an

Bord sind. Im »war for talents« ist es erfolgskritisch, Top-Talente für die Idee und das Arbeiten in der Organisation zu begeistern und zu gewinnen, sie zu fördern sowie – und das ist der entscheidende Punkt – sie durch klare Führungs- und Bewertungsregeln zu Multiplikatoren der Innovationskultur zu entwickeln.

Unternehmen, die das geschafft haben, können sich bereits glücklich schätzen. Wozu also die immer wiederkehrende Anmahnung »neuer Freiräume«?

Mit dem Gedanken, den Freiraum des einzelnen Mitarbeiters zu vergrößern, ist die Hoffnung, ja die Forderung verbunden, dass dies neue Kreativitätsimpulse, »mehr Zeit für Neues«, freisetzt.

Die großen Erfinder und Entrepreneure, die wir in den vorangegangenen Kapiteln ansatzweise beschrieben haben, haben sich alle durch eine große Neugier und durch eine unermüdliche Beharrlichkeit ausgezeichnet, solange, bis sie ihr Ziel erreicht haben. Vielleicht ist es eine im Nachhinein romantische Verklärung, zu glauben, dass diese Persönlichkeiten 24 Stunden am Tag an der Umsetzung ihrer Vision gearbeitet haben – zumindestens ist es aber ein leitendes Idealbild, das Unternehmen nur zu gerne auch in ihrer Organisation wieder finden möchten: Die Mitarbeiter, die ständig – innerhalb und außerhalb ihrer Arbeitszeit nach potenziell ertragreichen neuen Produkten und Services suchen, die Verbesserungen aktiv anpacken und ihre innovativen Keimlinge konsequent in höhere Reifestufen treiben.

»Was wir in unserem schnell wachsenden Geschäft brauchen, sind mündige Mitarbeiter. Bei unserer hohen Wettbewerbsintensität können wir die Nase nur vorne haben, wenn alle hochsensibel für das sind, was der Kunde braucht und was der Wettbewerb macht. Wir geben unseren Mitarbeitern die Freiheit, über alles nachzudenken und alles klar sagen zu dürfen. Was wir wollen, ist Eigeninitiative.«

Air Berlin

Nun hat Kreativität aber eben die Eigenschaft, sich möglichst nicht in vorgefertigte Schemata pressen zu lassen. Der wohlgemeinten Aufforderung, »Nun seid einmal schön kreativ!« wird in einem Unternehmen, dass Kreativität nicht fördert und lebt, kein entsprechender Output folgen. Also kann ein Unternehmen letztlich nur versuchen, alle erdenklichen Rahmenbedingungen zu schaffen, die es den Gedankenblitzen erleichtern, ans Tageslicht zu kommen. Und die es den Mitarbeitern erleichtern, die Ideen zu materialisieren.

Der unausgesprochene »Deal« zwischen Unternehmen und Mitarbeitern in reifen Innovationskulturen heißt also: Wir erwarten eine extreme Eigeninitiative unserer Mitarbeiter, neue Ideen, neue Impulse für unser Geschäft zu entwickeln und umzusetzen. Wir versuchen alles, um die Entfaltung des Neuen zu fördern und alles zu beseitigen, was Kreativität behindert. Und wir vertrauen unseren Mitarbeitern, dass sie diese neuen Freiräume auch bestmöglich nutzen.

»Before you begin to accelerate an organization, you have to take the brakes off«

Jack Welch, ehemaliger CEO von General Electric

Wenn Unternehmen also von der Schaffung von Freiräumen reden, reden sie gleichzeitig auch von der Beseitigung organisatorischer Barrieren und Fesseln. Damit steht vielerlei auf der Agenda der Gestalter von Innovationssystemen: Starre, ineffiziente Organisationen können fesseln. Überflüssige Vorschriften, Konventionen und Arbeitsabläufe können fesseln. Außerberufliche Verpflichtungen können fesseln.

Soll das Gesamtsystem der Unternehmung hoch innovativ und gleichzeitig hoch effizient laufen, ist »Barrierenmanagement« als eine ganz zentrale Voraussetzung hierfür anzusehen.

In der Beseitigung dieser Barrieren liegt auch eine ganz wesentliche Voraussetzung für ein ganz klassisches »Freiraum-Modell«: Der x-Prozent-Regel, die es Mitarbeitern erlaubt, einen gewissen Teil ihrer Arbeitszeit für die Verfolgung eigener Ideen aufzuwenden.

Freiraum in dieser Form zu schaffen, hat auch mit der Verringerung von Kontrolle zu tun: Wer den ganzen Tag, Tag für Tag, Woche für Woche, seine Arbeitszeit in ein Korsett kleingequantelter Arbeitsaufträge zerschnitten bekommt, ist froh, wenn er die Aufgaben in der vorgegebenen Zeit abgearbeitet hat. Ihm diese Häppchen in Form heruntergebrochener Kleinstziele zu setzen und diese wenn möglich noch vor den Augen der Kollegen zu kontrollieren, entspricht einem altmodischen Verständnis von Mitarbeiterbeschäftigung. Der Mitarbeiter honoriert, wenn er bei der Aufgabenstellung Freiräume für Lösungsansätze bekommt. Er honoriert es, wenn der Vorgesetzte Vertrauen in ihn setzt und ihm dies auch klar signalisiert. Dann stellt sich Motivation bei dem Mitarbeiter ein. Dann wird er auch verschiedene Optionen zur Lösung der gestellten Aufgabe durchdenken und vielleicht auf Wege kommen, an die bislang noch niemand gedacht hat.

»Ich habe früher bei General Electric gearbeitet und dem ehemaligen CEO Jack Welch geholfen, die Bürokratie zu verschlanken. Von neun Hierarchieebenen haben wir uns auf vier herunter gearbeitet. Fünf, wenn man den CEO als eine Hierarchiestufe zählt. Wenn sie das machen, werden auf einmal enorme Kräfte frei. Das ist eine Einstellung, die wir bei Motorola teilen. Wir stellen eine sehr große Zahl von Mitarbeitern unter einen Vorgesetzten, so dass er gar nicht die Chance hat, kontrollieren zu können. Der Vorgesetzte soll nicht kontrollieren, er soll anleiten. Und das ist ein enormer Unterschied. Unter diesen Bedingungen kann sich ein Mitarbeiter frei entfalten. Wir nennen dieses Prinzip: Span-of-Control. Das ist unsere Philosophie: eine große Span-of-Control und flache Hierarchien.« *Motorola*

Flache Hierarchien sorgen für größere Aufgaben und Zusammenhänge und damit für mehr Verantwortung des Einzelnen. Eine große Kontrollspanne, das heißt viele Mitarbeiter, trägt dafür Sorge, dass Vorgesetzte sich mit den Zielsetzungen und Ergebnissen beschäftigen, nicht aber mit übermäßiger und vielfach überflüssiger Kontrolle. Die Delegation von Verantwortung motiviert die Mitarbeiter, da sie einen maximalen Gestaltungsraum für die Erledigung der ihnen gestellten Aufgaben vorfinden. Wer delegiert, zeigt auch, dass er Vertrauen in den Mitarbeiter hat.

Dieser Freiraum wird idealerweise durch die Corporate Values unterstützt und durch den darin enthaltenen Verhaltenskodex gleichzeitig auch begrenzt. In guten Innovationskulturen kann vorausgesetzt werden, dass der Mitarbeiter die ethischen Grundsätze des Umganges miteinander akzeptiert und lebt.

Die »15-Prozent-Regel« – Mythos oder Realität?

Bei der Diskussion um Ansätze zur Verbesserung der Innovationskultur wird kaum ein anderer Begriff so schnell in den Ring geworfen, wie die »15-Prozent-Regel«.

Ihr liegt einerseits die Erfahrung zugrunde, dass die Unternehmen die echten Innovationen häufig nicht ihren Innovationsmanagern verdanken, sondern kreativen Einzelkämpfern, die eigene Ideen verfolgen.

Solche Durchbruchsinnovationen mögen natürlich eine hohe Marge, einen hohen Pioniergewinn, generieren. Es darf aber nicht vergessen werden, dass die Wahrscheinlichkeit, mit einer echten Killer-Innovation den Markt aufzumischen und zu dominieren, wesentlich geringer ist, als mit einem stetigen Fluss an inkrementellen kleinen Innovationen am Markt kontinuierlich präsent zu sein.

Unternehmen machen hierbei immer wieder die Erfahrung, dass große und kleine Ideen gerne unter dem Radarschirm der unternehmerischen Wahrnehmung verfolgt werden. Mitarbeiter der IT-Branche entwickeln ohne zu fragen neue Software, Automobiltechnologen erproben hinter verschlossenen Türen neue Werkstoffe oder Chemiker entwickeln nebenher neue High-Tech-Materialien. Und obwohl sie nicht unter dem Druck von Projektmeilensteinen stehen, erreichen sie ihr selbst gestecktes Entwicklungsziel nicht selten schneller als Mitarbeiter in regulären Projekten. Neugier verleiht Flügel.

Solche »U-Boot-Projekte« oder »Bootleg-Projekte« werden notfalls heimlich und auf eigene Faust gemacht. Diese »U-Boot-Projekte« tauchen dann irgendwann einmal auf, entweder, weil sie doch irgendwie erfolgreich scheinen und der Entwickler oder die Gruppe sich nun aus der Deckung traut. Oder, weil im Rahmen von Projekt-Reviews und Kapazitätsplanungen, quasi den regelmäßigen »Innovationsinventuren«, ein merkwürdiges Missverhältnis von freier Mitarbeiterkapazität und bearbeitetem Projektvolumen auffällt.

Über die Größenordnung der Entwicklungen, die unter der Decke passieren, gibt es keine verlässlichen Zahlen. Glaubt man Untersuchungen dieses Phänomens, kann man davon ausgehen, dass zwischen einem Zehntel und einem Fünftel der Unternehmensbudgets für Forschung & Entwicklung in U-Boot-Projekte fließt. Und die liegen – in klassischen Technologiebranchen – im Bereich von 3 bis 13 Prozent des Umsatzes. Je nach Unternehmensgröße kommen demnach schnell signifikante Millionenbeträge zusammen.

Das heißt aber nicht, dass Unternehmen grundsätzlich gegen diese heimliche Innovationspipeline sind. Im Spektrum kann man Unternehmen finden, die solche Aktivitäten ablehnend negieren, Unternehmen, die das dulden, und Unternehmen, die ganz offen versuchen, die Kreativität und Eigeninitiative ihrer Mitarbeiter in kontrollierbare Bahnen zu lenken. Um im Bild zu bleiben: »U-Boot-Projekte« sind ausdrücklich erwünscht, und zwar an der Wasseroberfläche und ohne den Zwang, aus Angst vor Entdeckung abtauchen zu müssen.

»Wir haben eine erfolgreiche Produktpalette bodenstehender Gaskessel mit Brennwerttechnik. Die offene Unternehmenskultur ermöglichte eine Erweiterung mit demselben Gerätekonzept auf Ölbrennwerttechnik. Das ist nicht nur ein technischer Erfolg, sondern auch ein wirtschaftlicher Erfolg. Da hatte sich eine kleine Gruppe von Mitarbeitern unmerklich dahinter geklemmt, die diese Geschäftsidee eigenständig verfolgt und zum Erfolg gebracht hat.« *Vaillant*

Diejenigen Unternehmen, die diese Art von Eigenentwicklung ausdrücklich wünschen und fördern, bedienen sich oftmals der berühmten 15-Prozent-Regel. In der immer wieder zitierten Überlieferung dürfen demnach alle Mitarbeiter 15 Prozent ihrer Arbeitszeit dafür aufwenden, an Projekten zu forschen und zu tüfteln, von deren Problemstellung sie fasziniert sind und von deren Erfolg sie überzeugt sind.

Das klingt für viele Innovationsmanagern hoch interessant. Und für viele auch nachahmenswert, will man doch auf die »kreativen Extrapotenziale« ungern verzichten. Bei näherem Hinsehen tauchen dann aber schnell Fragen auf: Gilt die Freistellungsregel wirklich für jeden Mitarbeiter? An welchen Themen darf gearbeitet werden? Steuert jemand diese vielen »Eigenaktivitäten«? Ist die verfügbare Kapazität der für das »Regelgeschäft« demnach durchgängig auf 4 Tage begrenzt, sind 15 Prozent doch immerhin fast ein ganzer Arbeitstag? Die Fragenliste der interessierten Manager anderer Unternehmen ließe sich beliebig verlängern.

In der Philosophie ist ein Mythos ein »irreales Identifikationsangebot, das zu einer kollektiven Weltanschauung führen kann«. Nimmt man die vielen Fragezeichen zusammen, die sich um die 15-Prozent-Regel ranken, zusammen, stellt sich bei vielen, die das praktisch versuchen wollen, eine gewisse Unsicherheit ein, was denn nun wirklich dahinter steckt. Ein Mythos? Oder ein wirklich funktionierender Ansatz?

Am Beispiel von 3M lässt sich die 15-Prozent-Regel in ihrer Wirkungsweise und ihrem Nutzen gut erläutern. Mit Blick auf das aufgebaute Spannungsfeld »Mythos oder Realität« haben wir die Erfahrungen in folgende »Fünf Wahrheiten zur 15-Prozent-Regel« zusammengefasst.

Fünf Wahrheiten zur „15-Prozent-Regel"

Die 15-Prozent-Regel erzeugt mehr Kreativität, mehr Innovationen.

Die Anwendung erfolgt dezentral und flexibel.

Nahezu jede Idee ist erlaubt.

Besonders attraktive Ideen werden gesondert gefördert.

Es gibt immer einen klaren Exit.

Quelle: 3M

(1) Die 15-Prozent-Regel erzeugt mehr Kreativität, mehr Innovationen. Sie setzt Signale für das Ziel von 3M, jeden Mitarbeiter zur Ausschöpfung seiner kreativen Potenziale zu motivieren. Nahezu legendär ist das Beispiel für den Erfolg der Regel, das gleichzeitig ihren Ursprung markiert. Es sind die gelben Post-it-Haftzettel, entwickelt vom 3M-Mitarbeiter und Chorsänger Art Fry. Da ihm andauernd die Lesezeichen aus seinem Gesangbuch fielen, fiel ihm der schlecht haftende Klebstoff ein, mit dem sich sein Kollege Spencer Silver mühevoll befasste. Damit war der zündende Funke ausgelöst. Art Fry musste die Idee trotzdem zunächst gut verkaufen: Wer braucht schon schlecht klebende Zettel? Und darüber hinaus noch einige Probleme überwinden, die die Produktion

betrafen. Er nutzte seinen Freiraum beharrlich – die Erfolgsstory der Post-it-Haftzettel konnte beginnen.

Diese Geschichte alleine ist gut genug, den Mythos der 15-Prozent-Regel für immer zu befeuern. Allerdings belegt die tägliche Praxis und die »Innovation Chronicles« des Konzerns, dass nach wie vor viele Mitarbeiter der verschiedensten 3M-Bereiche auf ihre Bereichs- und Laborleiter zugehen, um ihnen ihre kleinen und großen Ideen vorzustellen. Und um sie dafür zu gewinnen, ihnen ein Zeit- und Sachbudget zu geben.

Dazu ein aktuelles Beispiel aus dem 3M-Entwicklungszentrum in Neuss: das selbstleuchtende Nummernschild. Auf die Idee ist der 3M-Mitarbeiter durch einfache Beobachtung des tagtäglichen Verkehrs zur Arbeit gekommen: Wie verändern sich Design- und Ökologieanforderungen in der Automobilindustrie? Welchen Beitrag können wir darüber hinaus noch zur Sicherheit im Straßenverkehr leisten? Idee und Anmeldung des Patents waren nur die ersten Schritte auf dem Weg zum marktreifen Produkt. Viele Herausforderungen mussten überwunden werden. Fragen der Lichttechnik mussten ebenso gelöst werden, wie neue Folien. Welches ist der passende Kunststoff für die optimale Umsetzung der Idee? Wie lassen sich Buchstaben und Zahlen am besten darstellen? Zur Umsetzung der Idee hat es dann doch das gesamte Wissen der 3M-Organisation gebraucht. Der Netzwerkgedanke greift. Ohne das Wissensnetzwerk und die Unterstützung aller wäre es bei der Idee geblieben. Die 15-Prozent-Regel funktioniert.

(2) Die Anwendung erfolgt dezentral und flexibel: Die Bewertung der Ideen und die Freigabe des Arbeitszeitfreiraums ist alleine Sache der jeweiligen Bereichsleiter in den weltweiten 3M-Einheiten. Der Mitarbeiter muss seine Idee nur gut »verkaufen«. Es müssen auch nicht immer 15 Prozent der Arbeitszeit sein, es kann auch deutlich mehr oder weniger sein.

(3) Nahezu jede Idee ist erlaubt: Das Eigenregieprojekt sollte lediglich grob in den jeweiligen Arbeitsbereich passen und vor allem Rand-Ideen hervorbringen, die durch die großen Innovationsprogramme nicht abgedeckt sind. Im Prinzip kann somit mit den »15 Prozent« gemacht werden, was sinnvoll und perspektivisch ertragreich scheint.

(4) Besonders attraktive Ideen werden gesondert gefördert: Das Er-

folgsprinzip der 15-Prozent-Regel basiert darauf, die Ideenimpulse der gesamten Organisation in ihrer gesamten Breite und Vielfalt sichtbar zu machen.

»Die beste Idee findet keinen Nährboden, wenn sie im Unternehmen nicht visualisiert wird. Sichtbarkeit ist ein wichtiges Stichwort.« *AIR LIQUIDE*

Sichtbar machen ist auch der entscheidende Imperativ, wenn es darum geht, Doppelarbeiten und Parallelentwicklungen zu vermeiden. Es wäre sicherlich nicht im Interesse eines Konzerns, wenn die viele kleinen, von der 15-Prozent-Regel gesponsorten Projekte, nebeneinander herliefen. Das wäre höchst ineffizient, und vor dem Hintergrund der unzureichend genutzten »kritischen Masse« auch ein eklatanter Verstoß gegen das Netzwerkprinzip.

Die 15-Prozent-Regel berücksichtigt dies. Bei jeder Eingabe eines Entwicklungsvorschlages beim Bereichs- und Laborleiter prüft dieser in der weltweiten-Idea-Database, ob bereits ein ähnlicher Ansatz verfolgt wird. Erst nachdem diese verpflichtende Regelprüfung gelaufen ist, kann er das Zeitbudget freigeben. Damit wird auch das neue »U-Boot« für alle sichtbar. Handelt es sich um eine besonders wichtige Idee, sei es bezüglich ihrer hohen Markterwartungen, sei es wegen der besonderen Dringlichkeit, das Produkt möglichst schnell in den Markt zu bringen, oder wegen der hohen technologischen Attraktivität, besteht die Möglichkeit, besondere finanzielle Mittel zu beantragen. Die 3M hat dazu zentral einen Fonds mit der Bezeichnung »Genesis« eingerichtet. Will ein Mitarbeiter oder ein Team Mittel aus diesem Fonds erhalten, muss die Idee gut vor dem Genesis-Gremium »verkauft werden«. Dieses Funding – manche Unternehmen sprechen hier auch von Star-Projekt-Förderung – stellt nicht nur nach den gemachten Erfahrungen der 3M einen weiteren erfolgreichen Anreiz dar, nach Neuem zu suchen und möglichst schnell in die Tat umzusetzen.

»Gebt ihnen genug Geld, gebt ihnen genug Zeit. Das sind für uns die Vorbedingungen einer guten Innovationskultur.« *Motorola*

(5) Es gibt immer einen klaren Exit: Projekte aus der 15-Prozent-Regel haben zunächst keine festgelegt Zeitvorgabe. In der Regel steht zunächst

die Aufgabe im Vordergrund, die Idee zu konkretisieren. Die Technologie, die für das Produkt, aber auch für die spätere Produktion benötigt werden, müssen durchdacht, Patentanalysen angestoßen und die Umsetzungs-Roadmap spezifiziert werden. Wenn die Idee nach diesen ersten Wochen bis Monaten etwas greifbarer geworden ist, muss gemeinsam entschieden werden, was nun passiert: Grünes Licht für ein Weitermachen auf »kleiner Flamme« im Rahmen der 15-Prozent-Regel, Herauslösen und Befördern zu einem offiziellen Unternehmensprojekt oder Abbruch. Entscheidend ist: Projekte sollen Projekte bleiben, und sich nicht zu »never ending stories« entwickeln.

In großen Unternehmen stehen Tausende von Mitarbeitern bereit, ihre Ideen und ihre Kreativität zur Weiterentwicklung des Unternehmens zur Verfügung zu stellen. Mit den Möglichkeiten, Ideen über eine »x-Prozent-Regel« zu initiieren und sie gezielt einzuspeisen, ist ein entscheidender Schritt getan, im Wettbewerb um organisches Wachstum durch Innovation mitzuhalten. So banal es klingt: Entscheidend für den Erfolg zukünftiger Innovation ist also, dass sie erst einmal entstehen und dann wahrgenommen werden. Ideenentstehung kann und sollte vom Unternehmen gefördert werden. Viele Ideen entstehen oft aus der Tagesarbeit, oft in der Freizeit. Wenn das »gefühlte Arbeitsumfeld« als positiv und innovationsförderlich wahrgenommen wird, und zwar mit oder ohne 15-Prozent-Regel, werden die Mitarbeiter ihre Freiräume als Chance zur Gestaltung auch nutzen.

Neue Freiräume durch Flexibilisierung

Jeder Manager hat es bereits erlebt: In Phasen, in denen man wirklich sehr konzeptionell, quasi »kreativ« arbeiten muss, ist jede Art von Einengung extrem störend und hemmend. Man denke nur an Themen wie »neue Strategie« oder »neue organisatorische Blaupause«, Themen also, die ein Top-Manager nicht einfach delegieren kann.

In solchen Phasen führen Terminzwänge, Tagesroutinen und Verpflichtungen jeglicher Art dazu, die Aufgaben entweder nicht zu

100 Prozent zumachen, sie immer wieder zu verschieben oder sie stückchenweise zu bearbeiten, was in der Regel zu Lasten von Schnelligkeit und Qualität geht. Jeder Manager wünscht sich in solchen Zeiten mehr Eigenbestimmung, mehr Dispositionsspielraum, mehr Freiraum.

Überträgt man diese häufige Eigenerfahrung auf die Situation und die Aufgaben der Innovatoren in der Organisation, den Marketingleuten, den Entwicklern, den Vertrieblern, den Produktionsleuten – wird schnell deutlich, dass »Freiraum schaffen« jenseits von x-Prozent-Regeln noch eine weitere Dimension hat: Die der Flexibilisierung des Arbeit.

Die beste Zeit zu arbeiten

Jeder hat über den Tag eine andere Leistungskurve. Der eine ist ein echter Early Bird und bringt bereits um sieben Uhr morgens eine Top-Leistung. Der andere liegt da noch im Bett und schafft es auch um 9 Uhr noch nicht, am Arbeitsplatz mit den Kollegen in einen rudimentären Dialog einzutreten. Arbeitszeitmodelle für »mehr Innovation« müssen einen Rahmen für die Organisationsform Unternehmen setzen und gleichermaßen auf das Individuum Rücksicht nehmen.

Das wird von Unternehmen zu Unternehmen unterschiedlich gehandhabt werden. Die völlig freie Arbeitszeitwahl werden die wenigsten Unternehmen anbieten. Sollte dies theoretisch möglich sein, stellt sich hier ja auch durchaus die Frage, ob sich nicht gleich ein Home-Office anbietet. Sollte dies nicht möglich sein, da zum Beispiel für die Arbeit auf eine technische Ausstattung zurückgegriffen werden muss, die halt nur im Unternehmen zur Verfügung steht und gleichzeitig wenigstens zwei Personen an dem Projekt arbeiten, muss schon für eine Koordination gesorgt werden.

»Eine Top-Führungskraft muss die Attraktivität des Unternehmens aufrecht erhalten. Neben einem angenehmen adäquaten Umfeld sind attraktive Vergütungsmodelle genauso wichtig wie das Aufzeigen von Karriereopportunitäten. Es gehört für uns auch zur Fürsorgepflicht, die Rahmenbedingungen zur Vereinbarkeit von Familie und Beruf zu schaffen. Wir versuchen, soweit wie möglich individuelle Lösungen anzubieten.«
AIR LIQUIDE

Kernarbeitszeiten sind heute die Lösung, um Early Birds und Morgenmuffel wenigstens zu gewissen sich überschneidenden Zeitfenstern im Unternehmen zusammenzubringen. Dies ist steht auch in den Unternehmen außerhalb der Diskussion. Dies ist ein tragfähiger Kompromiss zwischen Individualität und kollektivem Interesse. Es gibt aber noch einen anderen Aspekt der Arbeitszeit. Den der Mehrarbeit. Nicht alle Mitarbeiter sind bereit zu akzeptieren, dass sie ab einer gewissen Vergütungsstufe anfallende Mehrarbeit in keiner Form anrechnen lassen können. Insbesondere in Industrieunternehmen, die sowohl auf der tarifären wie auch auf der außertariflichen Ebene Mitarbeiter haben, die je nach Arbeitsanfall kollektiv Mehrarbeit leisten sollten, wird hier nach Lösungen gesucht. Das Lebensarbeitszeitkonto ist hier eine Lösungsmöglichkeit. Mitarbeiter bekommen Mehrarbeit gut geschrieben und können sich dies in unterschiedlichen Varianten entweder ausbezahlen lassen. Oder sie sammeln Zeit an, um größere Urlaube zu nehmen. Das Ansammeln von Zeitguthaben geht soweit, dass eine signifikant frühere Beendigung des Arbeitslebens bei Fortführung der Bezüge bis zum theoretischen Renteneintritt erreicht werden kann. Mitarbeiter, die Wert auf solche Ausgestaltungen legen, haben einen niedrigeren Anreiz, das Unternehmen zu wechseln, da sie längerfristig orientiert sind. Sie fühlen sich (auch) mit diesem betrieblichen Angebot wohl.

Beruf und Familie vereinbaren

Arbeitet der Mensch, um zu leben? Oder lebt er, um zu arbeiten? Wie auch immer die Antwort auf diese Frage ausfallen mag, Familie ist wichtig. Und so nimmt es nicht wunder, dass immer mehr Unternehmen berücksichtigen, dass Mitarbeiter auch noch ein Leben neben dem Beruf haben.

In einer Zeit, in der wir feststellen, dass wir wegen der bislang herrschenden Unvereinbarkeit von Familie und Beruf und dem gleichzeitigen Karrierebedürfnis von Männern und Frauen in ein demografisches Problem laufen, gewinnt dieses Thema sogar eine gesellschaftliche Bedeutung. Wer schon einmal versucht hat, Kindergarten, Schule und Beruf gleichzeitig anzugehen, weiß wie schwierig dies sein kann. Unternehmen, die sich hier Gedanken machen und tragfähige Lösungen anbieten, haben als Arbeitgeber bei vielen Arbeitnehmern einen großen Pluspunkt. Hier ist Kreativität gefragt.

»Unsere Niederlassung in Dresden hat 1200 Mitarbeiter. Unsere Niederlassungsleiterin vor Ort hat sich gesagt: Ich habe sehr viele Mütter, die bei mir arbeiten. Da eröffne ich einen Betriebskindergarten, ich mache ein Sommerfest, ich kümmere mich um die Kinder- und Schulbetreuung meiner Mitarbeiter und Mitarbeiterinnen. Ein Mitarbeiter, der weiß, dass ihm alle kleinen Probleme abgenommen wurden, geht völlig relaxt auf die Arbeit. Hausmeisterservice, Mitarbeiterbetreuung usw. Das ist kleines Geld und bringt extrem viel.« *DIS*

Viele Vorstandsvorsitzende, Geschäftsführer und Innovationsverantwortliche neigen dazu ein Maximum an Transparenz und an Planung einzufordern. In Nordamerika nennt man diesen Typus »control freak«. Unbestritten kann das Vorteile haben, erst recht wenn man sich das andere Extrem, nämlich »laissez faire« ansieht.

Daraus wird umso deutlicher: Will man die Innovationskultur eines Unternehmens auf ein neues Niveau heben, ist es nicht damit getan, einzelne Aspekte aus dem großen Baukasten der Möglichkeiten herauszugreifen. Die 15-Prozent-Regel, flexible Arbeitszeit und -raummodelle oder der Betriebskindergarten nützen nichts, wenn die Mitarbeiter mit den neuen Freiräumen nicht eigeninitiativ und verantwortlich umgehen.

Und das hängt wiederum davon ab, inwieweit sie in das Netz der kollegialen Verantwortung für das Arbeitsergebnis, die Innovation, eingebunden sind. Nur das Gesamtpaket des Programms kann Erfolg haben.

Die Zeitreserven liegen in den Innovationsprozessen

Sich auf das Wesentliche konzentrieren. Nicht wichtige Aktivitäten nicht tun oder delegieren. Gebote, die in jedem Managementhandbuch zu finden sind. Hand auf's Herz: Wieviele Stunden der täglichen Arbeit gehen für »gefühlt überflüssige« Abstimmungen, Meetings, das Nochmals-Korrigieren bereits gelesener Unterlagen verloren. Oder andersherum ausgedrückt: Viele Manager fragen sich am Ende des Arbeitstages, nach vielen pausenlosen Stunden: Wann bin ich heute eigentlich »wirklich« zum Arbeiten zu kommen? Zum inhaltlichen, konzeptionellen Arbeiten an meinen Projekten. Zum Ausprobieren neuer Lösungen? Zum Schaffen wichtiger Voraussetzungen für eine schnelle technische Realisierung oder Einführung der neuen Produkte.

Was in Start-up-Unternehmen, bei kleinen Designstudios oder Entwicklungsdienstleistern noch »auf Zuruf« funktionieren mag, geht bereits bei großen Mittelstandsunternehmen nicht mehr. Und natürlich erst recht nicht bei Großunternehmen.

Der eine mag den skizzierten Ausschnitt aus der Organisationswirklichkeit für überspitzt halten, viele werden sich jedoch damit identifizieren.

Eine echte Innovationskultur kann sich so nicht entfalten, da nützt keine qualifizierte Vision des Unternehmens, da nützt kein internationales Wissensnetzwerk, da hilft erst recht keine 15-Prozent-Regel.

Ganz im Gegenteil. Die mühevoll gewonnenen Mitarbeiter für die Funktionen entlang des Innovationsprozesses, die Talente, High Potentials und Führungskräfte, werden durch latente oder offene Ineffizienz der Organisation schlicht frustriert. Und das ist das Gegenteil dessen, was erreicht werden sollte, nämlich Leidenschaft für das Neue und Leidenschaft zur Umsetzung.

Und das drückt möglicherweise auf die Anzahl neuer und vor allem guter Ideen, so dass Unternehmen möglicherweise in Innovationslücken laufen, quasi Nachwuchssorgen in der Innovationspipeline bekommen.

Es drückt jedoch sicher auf die Qualität der Umsetzung. Im besten Fall kann ein Unternehmen gar nicht alles Neue in den Markt bringen, da wichtige Ressourcen fehlen oder Projekte auf ihrem Weg durch den Innovationsprozess versanden. Oft sind die Symptome aber eher negativ aufgeladen: Der Markteinführungstermin kann nicht gehalten werden, Unternehmen schicken unausgereifte Neuprodukte in den Markt, sogenannte »grüne Bananen«, und die Entwicklungskosten liegen weit über dem Budget.

»Kreativität ist nicht die Mangelkomponente in unserem Unternehmen. Wir können die Anzahl der Ideen, die wir haben, gar nicht abarbeiten. Die Überführung der Kreativität ins Geschäft ist der entscheidende Punkt. Und dafür brauchen wir leistungsfähige Innovationsprozesse.« *Freudenberg*

Angesichts dieser, vor allem in großen Unternehmen typischen Situation heißt es für die Innovationsverantwortlichen, sehr wachsam zu sein. Denn beides ist notwendig: Kreativität, um möglichst viele Ideen zu generieren und Prozesse, um mit diesen möglichst schnell, sicher und effizient auf den Markterfolg hinzuarbeiten.

Ballast abwerfen – Komplexität reduzieren

Es muss also ab einem bestimmten, frühen Punkt auf dem Weg von der Idee zum erfolgreichen Produkt ein geordneter Innovationsprozess einsetzen. Ein Unternehmen, dass zwar viele gute Ideengeber hat, aber es nicht versteht, diese Ideen in ein verkaufsfähiges Produkt zu überführen, wird in Probleme hineinlaufen. Es geht also darum, jede Art von Ballast, jede Form von Barriere, aus dem Innovationsprozess zu nehmen. Der Prozess muss einmal gründlich unter die Lupe genommen werden, am besten in enger Mitwirkung mit allen am Prozess Beteiligten. Sind die Kreativitätshemmer und die geschwindigkeitshemmenden »Road Bumps« erst einmal bekannt, ist es nur eine Frage von konsequenter Führung, aus der holprigen Innovationslandstraße eine gerade Innovationsautobahn ohne Baustellen zu machen. Das schafft echte Freiräume, für den Einzelnen wie auch für das ganze Unternehmen.

Wie sehen nun solche »Innovationsautobahnen« aus? Wenn man sich die Unternehmen ansieht, die unter extremen Geschwindigkeitsanforderungen in Bezug auf die Entwicklung neuer Produkte stehen – Automotive-Unternehmen, Technologieunternehmen, Fast-Moving-Consumer-Goods, um einige zu nennen – kann man zwei Grundprinzipien erkennen: Zum einen werden alle Innovationsprojekte und Aufgaben gnadenlos aus dem Prozess genommen beziehungsweise gar nicht erst hineingelassen, die nicht wirklich gewinnbringend oder erfolgskritisch sind.

Zum anderen wird der gesamte Innovationsprozess mit all seinen detaillierten Abläufen, Entscheidungspunkten, Verantwortlichkeiten und unterstützenden Systemen konsequent auf Geschwindigkeit, Effizienz und Qualität getrimmt. Doppelt so schnell umsetzen oder 20 Prozent der verfügbaren Kapazitäten zielgerichtet nutzen, anstatt sie für unnötige Sucherei oder Abstimmungen zu verschwenden – das sind oftmals recht leicht erreichbare Verbesserungen. Unternehmen müssen sich nur entschließen, konseqent allen Ballast und alle Barrieren aus dem Innovationsprozess zu beseitigen.

Neue Freiräume durch Optimierung des Innovationsprozesses

Spanne und Durchschnitt der Verbesserungsziele (%)

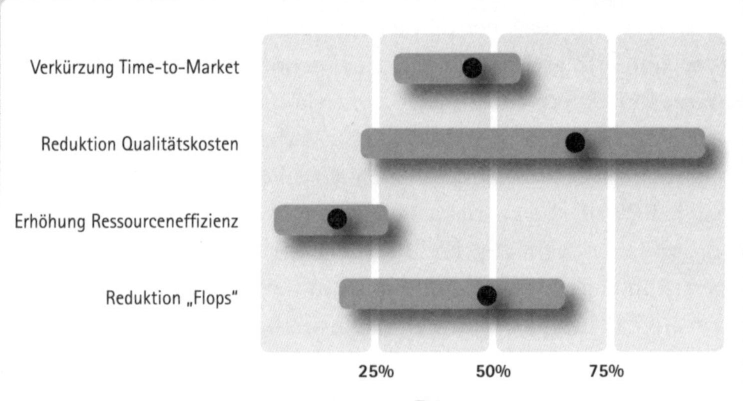

Quelle: Studienergebnisse Droege & Comp. „Next Generation NPD"

Unternehmen, die sich als »Innovationsmaschinen« verstehen, haben folgende Regeln entwickelt, die ihren Mitarbeitern den Rücken von solchen »Blindleistungen« freihalten:

- Gestalte den gesamten Innovationsprozess durchgängig »vom Kunden zum Kunden« und auf Basis klarer Verantwortungen aller Prozessbeteiligten.
- Setze harte Kriterien an, wenn es darum geht, welche Ideen überhaupt in den Prozess eingeschleust werden sollen.
- Definiere exakt den Projektabbruch, um unnötige Kosten zu vermei-

den und die Schlagkraft der Organisation sofort auf aussichtsreichere Projekte zu lenken.

- Differenziere Prozesstypen: Standardprozesse für Standardaufgaben – spezielle Prozesse für komplexe Innovationsprojekte.
- Sorge für maximale Unterstützung der Mitarbeiter, wenn es um die Vermeidung unnötiger, administrativer Aufgaben geht.
- Überwache die Prozess-Performance permanent: Time-to-Market, Time-to-Money, First-Pass-Yield, Qualitätskosten, Ressourceneffizienz.
- Beseitige schnell und konsequent alle Barrieren, seien es Sach-, Ablauf- oder »Kulturbarrieren«.
- Sorge dafür, dass der optimale Prozess kein Papiertiger wird, sondern setze ihn ohne Abstriche in allen Einheiten um.

Weltweite Prozessstandards: Ein Beispiel

Gerade in international agierenden und häufig verteilt, in Teamstrukturen arbeitenden Unternehmen sind hoch standardisierte Prozesse absolut erfolgskritische Voraussetzung für kurze Durchlaufzeit, Liefertreue, Effizienz und Qualität des Innovationsprozesses.

Beispiel: Ein »klassischer«, professioneller Innovationsprozess ist in sieben Teilstücke eingeteilt. Nach den Ideen (Phase 1), folgt die Konzeptphase (2). Nach der Machbarkeitsstudie (3) kommt die Entwicklung (4) und eine Phase, die Scale up (5) genannt wird. Hier wird die Entwicklung auf den Volumen-Output angehoben, um die internationalen Märkte zu bedienen. Wenn das erreicht ist, erfolgt der Produktstart (6) und die Nachjustierung in einer separat definierten Phase danach (7). Entscheidend sind die Phasen 4 und 5. In diesen Phasen Entwicklung und Höherskalierung kann viel Zeit gewonnen werden, wenn die Prozesse intelligent gemanagt werden. So ein Prozess wird NPI – New-Product-Introduction (3M), häufig auch NPD – New-Product-Development, genannt.

Wie werden die Neuproduktentwicklung und Markteinführung in kürzester Zeit erreicht? Wesentlich ist, kritische Punkte, die abgearbei-

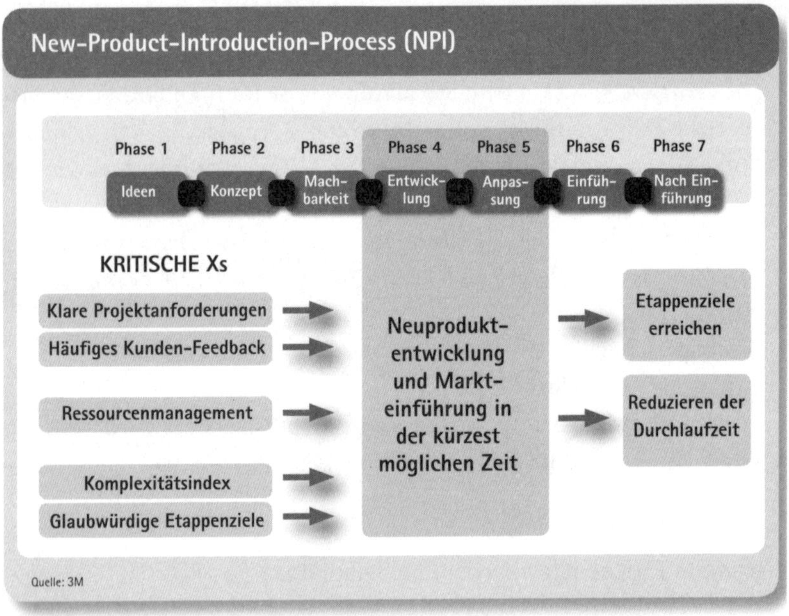

tet werden müssen, zu definieren. Klaren Projektanforderungen stehen in dieser Phase bereits ständig ermittelte Kunden-Feedbacks gegenüber. Bereits in der Entwicklungsphase wird das Produkt so auf die Kundenbedürfnisse maßgeschneidert. Es wird nicht bis zur Produkteinführung gewartet. So kann schon alleine viel Zeit gewonnen werden.

Unterstützt wird dieser Prozess durch ein separates Ressourcen-Management. Der Prozess wird in dieser Phase über einen Komplexitätsindex und die Weiterentwicklung und Überleitung in die nächst höheren Stufen des Prozesses an bestimmten Meilensteinen gemessen.

Mit dem New-Product-Introduction-Process und dem ineinander verzahnten Zusammenspiel der verschiedenen Funktionen können die Geschwindigkeit bis zur Markteinführung erhöht und viele Erfahrungen, die ansonsten erst nach Produktstart gemacht werden könnten, vorgezogen werden.

Ein solcher Prozess ist an sich für viele große Unternehmen eigentlich nichts Spektakuläres. Das Besondere liegt vielmehr in seiner selbstverständlichen Anwendung, in seiner allgemeinen Akzeptanz. In dem eben geschilderten Beispiel tauchen Probleme, die ihre Ursache im Prozess selbst haben, kaum auf. Der Prozess ist sozusagen ein »normales Werkzeug«. Die Kraft der Innovationsbeteiligten muss nicht für das Lösen von Prozessbarrieren aufgebracht werden.

Nicht der Innovationsprozess selbst steht somit Mittelpunkt, sondern das Produkt, die Innovation und die Mitarbeiter. Und das ist ein ungemein wichtiger Erfolgsfaktor für die Innovationskultur.

Top-Innovationskulturen fördern die Selbsterneuerung

Wenn ein Unternehmen viel Engagement in die Optimierung des Innovationsprozesses legt, führt dies zu einer Vielzahl von positiven Auswirkungen: Der gesamte Innovationsprozess wird schneller, Time-to-Market ist eine entscheidende Größe im Wettbewerb um Kunden. Die Effizienz der betrieblichen Abläufe wird erheblich gesteigert. Klare Regeln in den Prozessen sorgen für die Vermeidung von Missverständnissen und dadurch auch für eine Steigerung der Motivation der Beteiligten. Destruktive Reibungsflächen werden so vermieden. Prozessmanagement von Innovationen und Entfaltung von Kreativität sind kein Widerspruch.

Eine moderne Organisation versucht, eine flexible Stabilität zu erzeugen. Die Mitarbeiter müssen Stabilität in der organisatorischen Ausgestaltung da spüren, wo sie hingehört. Ansonsten ist es Aufgabe des Top-Managements die Bedingungen für maximale Flexibilität zu legen. Die Struktur muss in den Dienst der Kreativität gestellt werden. Die Abkehr von Silo-Denken hin zur Einbindung der Mitarbeiter in die unterschiedlichsten internen und externen Netzwerke sind der strukturelle Königsweg im Bemühen um eine erstklassige Innovationskultur. Flache Hierarchien mit Stärkung der Selbstverantwortung des Mitarbeiters über Delegation bringen Effizienz und motivieren Menschen. Ebenso wie die Förderung der Kommunikation. Das heißt, in letzter Konsequenz sind alle Maßnahmen, die zur Verbesserung eines Innovationsprozesses aufgesetzt werden, vor dem Hintergrund zu prüfen, ob die partizipierenden Menschen sich auch damit identifizieren, den Prozess akzeptieren und mit Freude und Konzentration am Innovationserfolg mitwirken.

In diesem Sinne sind optimierte Prozesse und Strukturen wie eine Rennmaschine, die bis in die letzte Schraube hinein von den Ingenieuren des Teams geprüft und für gut befunden wurde. Eine Maschine, deren Motor mit dem Kerosin zündender Ideen betrieben wird.

Der Prozess dient keinem Selbstzweck. Und keine Organisation ist in Stein gemeißelt. Wenn es sich als sinnvoll erweist, sollte man Prozesse verändern und die Strukturen daraufhin anpassen. Wenn das Management am Ende des Tages sagen kann, ich habe alles getan um den Prozess in diesem Sinne zu strukturieren, dann sind die Voraussetzungen dafür, mit Innovationen dauerhaft organisches Wachstum schaffen zu können, gut. Auch die Geschwindigkeit solcher Veränderungen ist ein Merkmal reifer Innovationskulturen.

Kreativität stimulieren – Risikobereitschaft fördern

Die Idee ist der Beginn allen Erfolgs. Nur, wie gelingt es einem Unternehmen, dass die »Organisation vor Ideen sprudelt« und diese Ideen im Unternehmen dann auch an die richtigen Stellen gelangen?

Der Input, das Kerosin unserer Innovationsmaschine, muss mit genau so großen Anstrengungen erzeugt und dann kanalisiert werden, wie wir sie bei der Erarbeitung der optimalen Netzwerkstrukturen aufgewendet haben. Jeder Vorstandsvorsitzende oder Geschäftsführer möchte ein Maximum an »neuen Ideen mit Potenzial«. Er ist verantwortlich für den Gesamterfolg des Unternehmens. Die Aufgabenstellung ist einfach formuliert. Sie ist aber in der täglichen Praxis schwer zu handhaben. Hier muss das Management zeigen, dass es fähig ist, die Organisation für das Beste zu motivieren.

Hier darf es keine gedanklichen Limitierungen geben. Verrückt ist nicht verrückt genug. Konventionen des Denkens müssen regelmäßig gebrochen werden.

»If at first an idea doesn't sound absurd, then there is no hope for it.«

Albert Einstein

Ideen dürfen verrückt sein, Ideen dürfen auch in die Irre führen. »Out-of-the-Box-Thinking« ist ein zentrales Leitmotiv. Aber wichtig ist es, dass Ideen erst einmal im Unternehmen bemerkt werden und zu Aktionen und Reaktionen führen. Mit dem vorgestellten Ansatz der Open Innovation, dem Arbeiten in Netzwerken und der 15-Prozent-Regel haben wir schon die Grundlagen gelegt, die die maximale Freiheit des Denkens ermöglichen. Basiert die Innovationskultur auf diesen Elementen, sind schon wesentliche Grundlagen gelegt.

»Wir sollten uns bei der Frage, wie wir an Probleme herangehen, ein Beispiel an Kindern nehmen. Bei Kindern ist es nie ein Problem, dass sie etwas nicht schaffen. Die Sache wird vielleicht nicht so schön, wie sie es sich gewünscht haben. Aber schaffen tun sie es. Wenn man die Kinderkultur in das Innovationsdenken bekäme, wäre schon viel gewonnen.« *Siemens*

Was kann man aus dieser »Kinderkultur« lernen? Der Neugier, die »Gier nach Neuem«, wo immer es geht, freien Lauf zu lassen, sie nicht einzuengen und zu behindern. Und den Neugierigen, den Probierenden weitgehend die Angst vor dem Fehlermachen, dem Scheitern, dem Versagen zu nehmen. Gerade der letzte Punkt wird auch sehr stark von der gesellschaftlichen Kultur beeinflusst, in denen die Unternehmen agieren.

Damit sind die vielen Ideenträger gemeint, die sich dafür entscheiden, ihre Vision eines innovativen Produktes oder eines Geschäfts mit der Gründung eines Unternehmens zu wagen.

»In den Vereinigten Staaten gehören sie zu den Exoten, wenn sie nicht wenigstens einmal mit einer Existenzgründung pleite gegangen sind. Wenn sie in Deutschland dagegen einmal in die Insolvenz gegangen sind, machen alle einen Bogen um sie.« *Qiagen*

Kreativität zu stimulieren hat auch viel damit zu tun, die Risikobereitschaft der Mitarbeiter, der kreativen Köpfe mit Ideen, zu fördern. Und das hat damit zu tun, inwieweit Unternehmen in der Lage sind, die Innovationsrisiken zu managen und mit Fehlern aus dem »trial and error« umzugehen.

Neue Wege für »mehr und bessere Ideen«

Entscheidend für den Erfolg zukünftiger Innovation ist also, dass sie erst einmal entstehen und dann wahrgenommen werden. Hier sind also zwei Phasen zu unterscheiden. Die erste Phase beschäftigt sich mit der Frage, wie entstehen überhaupt Ideen, die für mein Geschäft von Relevanz sind. Die zweite Phase hat zur Aufgabe, dass diese Ideen möglichst effizient im Unternehmen an die Stellen gelangen, die sich qualifiziert eine Meinung über die Bedeutung dieser Idee machen können.

Ideenentstehung kann und sollte natürlich vom Unternehmen gefördert werden. Viele Ideen entstehen aus der Tagesarbeit, wenn diese in einem positiven Umfeld stattfindet. Das haben wir schon ausführlich an der 15-Prozent-Regel dargestellt.

Auch die bereits erläuterten organisatorischen Ansätze begünstigen eine Ideenentstehung. Ergebnisse aus in Netzwerken geführten Diskussionen tragen ebenso zur Ideenentstehung bei, wie gezielte Maßnahmen des Unternehmens, kluge Köpfe zusammenzubringen und aus dem Aufeinanderprallen von Wissen hoffnungsvolle Funken zu schlagen. Das Gespräch, die Vernetzung mit Kunden, Lieferanten, Wissenschaftlern ist genauso wichtig wie der Austausch untereinander. Der Fantasie, Quellen zur Ideengenerierung heran zu ziehen, sind keine Grenzen gesetzt. Innovationsworkshops zählen ebenso dazu wie gezielte Innovationswettbewerbe.

Viele Unternehmen haben – als ein erster Schritt – positive Erfahrungen mit der Ausrichtung von Innovationsworkshops gemacht. Diese können entweder komplett intern besetzt sein und Mitarbeiter verschiedener Abteilungen zusammen bringen. Sie können aber auch gleich gezielt externes Know-how mit einbeziehen.

Das Veranstalten von Innovationsworkshops sollte für alle Beteiligten jenseits der Routine stehen. Es muss etwas Besonderes sein. Die Mitarbeiter müssen spüren, dass in diese gemeinsamen Tage viel Hoffnung gelegt wird. Oftmals macht es Sinn die Workshops »off site«, also in externen Lokationen zu veranstalten, die die Besonderheit noch einmal unterstreichen. Die Mitarbeiter müssen vorbereitet in die Innovationsworkshops gehen. Und zwar inhaltlich und mental vorbereitet. Es geht nicht darum, eigenes Wissen zur Schau zu stellen. Es geht darum, durch die Addition des gemeinsamen Wissens zu einem Ergebnis zu kommen, bei dem eins und eins deutlich mehr als zwei ist.

»Unser Unternehmensbereich Power Generations veranstaltet zum Beispiel einmal im Jahr die »Mühlheimer Erfindertage«. Die holen für etwa eine Woche die hellsten Köpfe ihrer Geschäftsgebiete zusammen und daraus entstehen über 200 Erfindungsmeldungen. Das ist großartig.« *Siemens*

»Viele Ideen werden in unseren Innovationsworkshops geboren und anschließend im Team bewertet. Hieraus entstammen zum Beispiel drei große Projekte, an deren Umsetzung wir intensiv arbeiten.« *Vaillant*

Eine weitere vom Unternehmen angeregte Form ist die des aktiven Ideenwettbewerbs. So hat der Diagnostika-Spezialist Qiagen zur Lösung gezielter Fragestellungen den »Idea Contest« implementiert.

»Wir haben ein Problem und schreiben es dann zur Lösung aus. Das Problem wird den Mitarbeitern weltweit über das Intranet zugeführt, so dass alle adressierten Mitarbeiter im Konzern ihre Aufmerksamkeit darauf richten können. Wer uns die Lösung liefert, gewinnt den Contest. Unsere Mitarbeiter haben dazu online Zugang zu allen relevanten wissenschaftlichen Journalen. Außerdem haben wir insgesamt sechs so genannte Journal Clubs. Unsere Mitarbeiter sind angehalten, regelmäßig in die wissenschaftliche Literatur zu schauen. Und sie müssen regelmäßig darüber berichten, was sie gelesen haben.« *Qiagen*

In der Phase der Ideengenerierung muss der Mitarbeiter die Möglichkeit haben, ihm fehlendes Wissen für die Formulierung und Ausarbeitung seiner Idee rasch auffüllen zu können. Dazu zählen Dinge wie der einfache Zugang zu internen und externen Wissensdatenbanken. Unternehmen haben mit solche Datenbanken oft die Erfahrung gemacht, dass damit der Grad der Komplexität wieder ansteigt. Und das geht zu Lasten der Effizienz und zu Lasten der Motivation des Suchenden. Um mit der Informationsflut umgehen zu können, bietet sich der Einsatz von Knowledge-Brokern an, also Mitarbeitern oder Dienstleistern, die für gezielte und effiziente Informationssuche qualifiziert sind.

Ideen konsolidieren und bewerten

Es gibt Ideen und Ideen. Es gibt solche, die wie ein Donnerschlag das Geschäftsmodell des Unternehmens und seinen Erfolg nach vorne katapultieren. Und es gibt solche, die in einem bestehenden Prozess, an einem bestehenden Produkt eine kleine Veränderung zum Besseren hin bewirken. Alle Ideen sind wichtig. Und der Beitrag des Ideengebers für die kleine Veränderung ist ebenso willkommen, wie der geniale Wurf des erstgenannten.

Sind die Ideen erst einmal entstanden, so müssen die Mitarbeiter wissen, wen sie wie adressieren können. Der Mitarbeiter einer Forschung-und-Entwicklungseinheit wird zu seinem Vorgesetzten gehen. So ziehen sich traditionell die Berichtswege nach oben. Aber was ist, wenn der Forschung-und-Entwicklungsmitarbeiter eine Idee hat, die gar nichts mit der Aufgabe zu tun hat, an der er gerade sitzt? Soll er warten, bis wieder irgendwann einmal ein Workshop veranstaltet wird? Sicher nicht. Oder was ist, wenn ein Mitarbeiter aus einer forschungsfernen Abteilung eine interessante Idee hat?

Alle Arten von Ideen, egal von wem sie stammen, müssen die Chance haben ans Tageslicht zu kommen. Je größer das Unternehmen ist, umso wichtiger ist es, einen »Ideensammelprozess« aufzusetzen und den Mitarbeitern damit definierte Eintrittspunkte für neue Ideen anzubieten.

Eine einfache, aber vielfach bewährte Form ist das Ideentelefon. Mitarbeiter aller Bereiche und Orte können spontane Eingebungen an eine zentrale Telefonnummer richten, die mit einem Aufzeichnungsgerät besetzt ist und somit 24 Stunden am Tag aufnahmebereit ist.

Eine weitere Art des Eintritts ist eine Internetadresse. So benutzt Qiagen in seinem Ideenmanagementprozess die Adresse ideas@qiagen.com. Andere Unternehmen haben ähnlich aufgebaute Adressen, die Deutsche Telekom beispielsweise myidee.telekom.de. Eine weitere Möglichkeit besteht darin, ein unternehmensweites Intranetportal zur Verfügung zu stellen, an denen Ideen schon anhand genau kategorisierter Fragen spezifisch eingegeben werden.

Im nächsten Schritt ist es wichtig, dass eine regelmäßige Bewertung der Ideen vorgenommen wird – und der Ideengeber zeitnah unterrichtet wird, in welchem Stadium des Prozesses seine Idee sich befindet.

»Die Mitarbeiter müssen ein schnelles Feedback bekommen. Wenn die Bewertung einer Idee länger dauert, weil es möglicherweise um einen komplexen Sachverhalt geht, ist es für die Ideengeber von hoher Bedeutung, regelmäßig Zwischenbescheide zu bekommen.« *AIR LIQUIDE*

Ein guter Ideenmanagementprozess signalisiert dem Mitarbeiter die Wichtigkeit seiner innovationsförderlichen Handlung dadurch, dass man ihn ernst nimmt. Ernsthaftigkeit wird durch die Kommunikation auf Augenhöhe zum Ausdruck gebracht. Der Mitarbeiter muss motiviert sein. Durch rasche und möglichst persönliche Antwort ist dies gewährleistet. AIR LIQUIDE beispielsweise belohnt jede Idee erst einmal pauschal mit einer kleinen Prämie von 25 Euro. Als Dankeschön, Input geleistet zu haben.

Die Gremien, die über Ideen beraten und diese bewerten, sollten möglichst wöchentlich tagen. Bei Qiagen sitzt beispielsweise das für Innovationen zuständige Vorstandsmitglied in der Bewertungsrunde. Das alleine sorgt dafür, dass Mitarbeiter wissen, dass ihre Ideen wichtig genommen werden und die entsprechende Beachtung erfahren.

Inovationsinitiativen tragen von Unternehmen zu Unternehmen unterschiedliche, meist wohlklingende Namen. Bei SAP heißt das Programm beispielsweise »Inspire«, bei Bayer Triple-i – das »i« steht für Inspirationen, Ideen und Innovationen, bei AIR LIQUIDE wird von »Genial« gesprochen, und das jährlich stattfindende, groß angelegte Online-Brainstorming der IBM nennt sich »Innovation Jam«.

3M hat zur Ankurbelung des Innovationsmotors die »3M Acceleration Initiative (2X/3X)« aufgesetzt. 2X heißt, die Zahl neuer Ideen zu verdoppeln, 3X heißt, die Zahl von Produktneueinführungen zu verdreifachen.

Alle diese Programme dienen dazu, neue Produktideen und Ansätze für Geschäfte von morgen freizusetzen, sie schnell und fachgerecht zu bewerten und dann schnellstmöglich umzusetzen.

»Wir haben ein Verfahren entwickelt, das wir ideas@I&S genannt haben, also Ideen bei Siemens Industrial Solutions and Services. Wir haben dieses Verfahren noch einmal in drei Säulen unterteilt. In die erste Säule kommen die Verbesserungsvorschläge. In die zweite Säule stellen wir die Innovationsideen ein, die Grundlage für Forschungsprojekte werden. In die dritte Säule kommen schließlich die Erfindungsmeldungen, die wiederum die Grundlage für eine Patentanmeldung sein können.«

Siemens

In einer ersten Bewertungsphase wird gefiltert, um was für eine Art von Idee es sich handelt. Ist es eine kleine Verbesserung? Oder handelt es sich um eine Idee, die zu einer erheblichen Verbesserung eines Produktes oder eines Prozesses führen kann? Je nach dem Grad der zu erwartenden Auswirkungen muss das Management die dafür notwendigen Strukturen und Prozesse aufsetzen.

»Die ›Erlebbarkeit‹ einer neuen Idee ist ein ganz entscheidender Schritt zur Entscheidungsfindung, ob etwas weiterverfolgt werden soll oder nicht. Wir haben hierzu eine Innovationswerkstatt eingerichtet. Sie ist als Ansatz zu verstehen, in interdisziplinärer Arbeit verschiedener Fachbereiche ein bildhaftes, physisches Erleben zu ermöglichen und die Interaktion mit Entscheidern, z. B. dem Top-Management zu beschleunigen.« *Mercedes Car Group*

Der Ansatz, Innovationen nicht abstrakt auf Schaubildern und in Konzeptbeschreibungen zu kommunizieren, sondern erlebbar und anfassbar zu machen, ist auch einer der Erfolgsfaktoren von Konzerninnovationstagen, von manchen Unternehmen auch »Innovations-Vernissagen« genannt. Es geht darum, dem Top-Management, anderen Geschäftsbereichen und Funktionen sowie auch potenziellen Kunden ein besseres Gefühl für die Gestalt und den Nutzen des Neuen zu vermitteln.

Markt-Feedback bringt neue Ideen

Wenn das neue Produkt erfolgreich an den Markt gebracht wurde, fängt die Arbeit erfolgreicher Innovatoren oft erst an: Wie genau ist mein Produkt am Markt angenommen worden? Und von wem? Was machen denn die Kunden aus meinem Produkt? Verwenden Sie es vielleicht ein bisschen anders? Oder setzen sie es für andere Zwecke ein, an die wir bei der Entwicklung überhaupt nicht gedacht hatten?

Die Mikrowellenöfen sind zum Beispiel aus einer Erfindung des Militärs entstanden, die sich mit Radarwellen beschäftigten. Aber so weit muss man gar nicht gehen. Oftmals ist es erst die Anwendung, die das Erfordernis weiterer neuer Produkt-Features offenbart, und die dann erst den Durchbruch ermöglichen. Darum muss sich ein Unternehmen kümmern. Wenn nach erfolgreicher Projektbeendigung alle Teammitglieder sich gegenseitig gratulieren und nach Hause gehen, fallen diese wichtigen

Hinweise seitens der Kunden gar nicht auf. Wie auf einem Ausguck eines Schiffsmastes müssen Mitarbeiter danach Ausschau halten, was mit dem neuen Produkt passiert. Ihre Meldungen geben dem Entwicklungsteam auch die Möglichkeit, auf diesem erfolgreich eingeführten Produkt neue innovative Produkte aufzubauen. Dieser Prozess muss in einem Unternehmen institutionalisiert sein, damit keine Chance ausgelassen wird.

Beispielsweise wurden 1964 die ersten Projektionslinsen für Tageslichtprojektoren entwickelt und erfolgreich auf den Markt gebracht. So weit, so gut. Das Team ist aber nicht einfach nach Hause gegangen und hat sich am Arbeitsplatz gänzlich neuen Herausforderungen gewidmet. Nein, aus der Entwicklung der Projektionslinsen für Tageslichtprojektoren sind komplette Technologiebereiche und Geschäftsbereiche entstanden. In einer Kaskade wurden aus dieser Erfindung über die Jahre hinweg vielfältige Produkte, die heute in den unterschiedlichsten Bereichen Anwendung finden. Die Entwickler der Projektionslinsen für Tageslichtprojektoren hätten sich wahrscheinlich nicht träumen lassen, was alles aus ihrer Erfindung weiterentwickelt wurde. Aber es hat sie bestimmt stolz gemacht.

Produktentwicklungskaskade

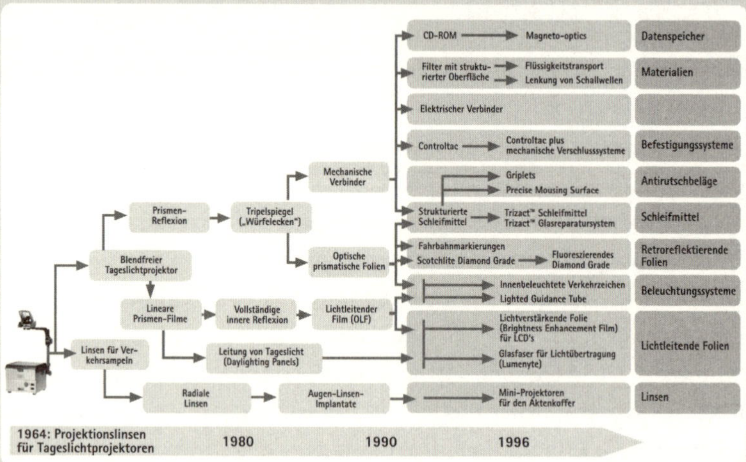

Quelle: 3M

Was zunächst wie ein Widerspruch ausgesehen hat, ist bei näherer Betrachtung und richtiger Handhabung keiner: Kreativität kann durch Organisation gefördert werden.

»Kill early – kill cheap«

Diese Gleichung erzeugt zunächst Fragezeichen. Geht es nicht darum, möglichst viele Ideen zu erzeugen und durch den »Innovation Funnel«, den berühmten Trichter, nach vorne zu bringen? Ja, darum geht es. Und auch wiederum nein, denn manche ursprünglich als genial und ertragreich bewertete Idee hat auch wirklich das Zeug dazu, ein echter Markterfolg zu werden.

Von der ersten Bewertung der Idee bis zur Markteinführung vergehen bei Neuentwicklungen – je nach Industrie – oftmals mehrere Jahre. Auch wenn sich die durchschnittlichen Produktentwicklungszeiten kontinuierlich verkürzen, sei es durch die Nutzung von Produkt- und Technologieplattformen, durch bessere und parallelisierte Prozesse oder durch Virtual Reality – die Zeitspanne, in der das Hoffnungsträgerprojekt an Schwung verliert, bleibt lang genug. Auf dem Weg durch den Innovationsprozess kann vieles passieren: Der Markt und die Bedarfe drehen sich, ein Wettbewerber ist deutlich schneller im Markt, die technologischen Probleme sind doch höher als angenommen, wichtige Lieferanten fallen aus – es gibt eine Reihe von Einflussfaktoren, die die Erfolgschancen des Innovationsprojekts deutlich schmälern.

Interessanterweise schleppen viele Unternehmen solche Problemfälle trotzdem sehr lange durch die Prozesskette. Das hat manchmal etwas mit der Transparenz zu tun, die ein Top-Management über die Innovationspipeline hat. Denn nicht jedes Innovationsprojekt gehört zu den Schlüsselthemen des Unternehmens und steht damit auf dem Innovations-Masterplan, den sich die Unternehmensleitung ständig vorlegen lässt. Es sind meist viele mittelgroße und mittlere Projekte, die im Laufe der Zeit »vom Radar« des Managements verschwinden. Und an denen immer weiter gearbeitet wird.

Um das zu verhindern, sind quantitative Informationen über das Innovationsgeschehen des Unternehmens erforderlich, ein Leitstand. Das klingt nach Überwachung, Einengung, Bürokratie, also nach Innovationshemmnissen. Tatsächlich ist es aber anders: Schaut man sich die Erfolgsstorys der immer wieder zitierten »Innovationsweltmeister« und »nationalen Innovationschampions« an, wie sie im Zuge von Award-Verleihungen und Rankings immer wieder auftauchen, drängt sich manchmal der Eindruck auf, dass diese Innovationskulturen eine Insel der Glückseligen sind: freies, selbstbestimmtes, kreatives Arbeiten, Austausch allenthalben, offene Türen, Sitz- und Kaffeeecken überall.

Das ist richtig und falsch. Richtig, weil diese Unternehmen über lange Zeit diese Merkmale zu einem echten Erfolgsfaktor für ihre überlegene Innovativität entwickelt haben. Falsch, weil solche Unternehmen auch eine knallharte Messkultur haben: Der Erfolg muss sichtbar werden, schnelle, auch manchmal unpopuläre Entscheidungen sind gelebte Organisationswirklichkeit.

Wir haben es bereits am Beispiel der Leadership-Attributes gesehen: Der Einzelne und sein Beitrag werden sehr fein und ausdifferenziert gemessen. Erfahrene Innovationsunternehmen haben darüber hinaus das ganze Innovationsgeschehen »auf Knopfdruck« parat. Mitarbeitern und Teams werden zwar große Freiräume eingeräumt, Neues zu entwickeln. Gleichermaßen geht es aber auch darum, Innovationsansätze und Versuche, die sich als perspektivisch erfolglos erweisen, schnell »abzudrehen«. Innovationskultur ist in erfahrenen Innovationsunternehmen immer auch Messkultur. Diese Thematik steht industrieweit auf der Agenda, wie unsere Studie zeigt.

Das Mitschleppen von Projekten – gerade von den großen Hoffnungsträgern, den in der Planerfolgsrechnung des Unternehmens bereits eingepreisten Breakthrough-Innovationen – hat noch eine andere Ursache. Die Sorge der Mitarbeiter. Die Sorge, dass nach Offenlegung der wahren Lage das Projekt gekippt wird und damit möglicherweise auch der eigene Projektposten wackelt. Und die Sorge des Managements, nicht nur die von Innovationshoffnung getragenen Geschäfts-Szenarien nach unten zu korrigieren, sondern darüber hinaus auch noch die bisher »versenkten« Millionenbeträge in den Entwicklungskosten rechtfertigen zu müssen.

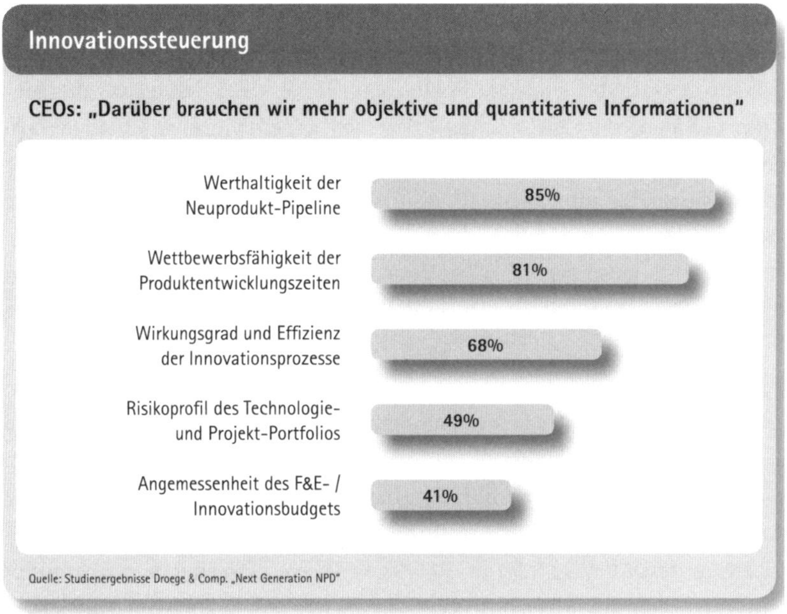

Wie kommen Unternehmen mit einer guten Innovationskultur aus diesem Dilemma? Indem sie zwei ganz konträre Leidenschaften entwickeln: Sie tun alles, um die Innovations-Pipeline mit »Hoffnungsträgern« zu füllen. Und sie »killen« konsequent alle Projekte, die mit hoher Wahrscheinlichkeit ein Flop werden. Und das bereits zeitnah an dem Punkt, an dem die Kurve der Erfolgswahrscheinlichkeit nach unten knickt.

Was ist die Konsequenz dieses Innovationsverständnisses: Die Entwicklungskosten werden besser planbar, die Unternehmen laufen deutlich weniger Gefahr, viel Geld zu verschwenden. Die Organisation lernt, dass die Herausnahme von Projekten kein negativ aufgeladenes Scheitern ist, sondern etwas Normales, das zum Probieren dazugehört. Und es ermutigt alle Innovationsbeteiligten, sich wieder an das »Nachladen« der Pipeline zu machen.

»Golf ist ein Glücksspiel. Je mehr ich trainiere, desto mehr Glück habe ich.«

Ben Hogan, Golflegende

Um so arbeiten zu können, bedienen sich nahezu drei Viertel aller produzierenden Unternehmen eines ganz klar durchgetakteten Innovationsprozesses, der auch als Stage-Gate-Prozess bezeichnet wird. Jedes Unternehmen, das mit solchen Prozessen arbeitet und in solchen Prozessen denkt, hat einen eigenen Namen dafür. Bei vielen heißt dieser Innovations-Prozess auch »Phase-Gate-Prozess«. Der Kreativität sind auch bei der Namensgebung keine Grenzen gesetzt. Der zugrundeliegende Denkansatz ist bei allen aber zumindest ähnlich: Mehrere Entscheidungspunkte entlang des zeitlichen Verlaufs zu definieren, die von der für gut befundenen Idee bis hin zum marktfähigen innovativen Produkt führen.

So teilt in diesem Beispiel das weltweit größte Chemieunternehmen seinen Innovationsprozess in fünf Schritte auf. Im ersten Schritt werden die Ideen auf ihre Realisierbarkeit hin geprüft. Am Beginn steht also eine Art Trichter, der die Ideen aufnimmt und auf Verwertbarkeit testet. Dies ist ein entscheidender Schritt: Was steht einem Unternehmen überhaupt zur Verfügung an Ideen? Welche davon werden in Phase 1 zugelassen und welche schaffen es nach welchen Regeln zu Phase 2?

In Phase zwei wird ein Business-Case, ein Geschäftsmodell, generiert. Planzahlen stehen im Raum, Marktstudien werden durchgeführt. Von da an wird die technische Realisierbarkeit (Phase 3) im Labormaßstab durchgeführt. Gerade in der Chemie ist es aber ein Unterschied, ob ich Produkte im Labormaßstab oder im Echtbetrieb mit viel größeren Input- und Output-Mengen produziere.

Deswegen wird in Phase 4 mit der Pilotierung der Umstieg auf die Großmengenproduktion gemacht. In der Phase fünf werden die letzten Schritte zur Produkteinführung vorgenommen, um einen reibungslosen Start vornehmen zu können.

Mit dieser Phase-Gate-Methode, wie sie bei BASF genannt wird, managt der Chemieriese seine Innovationsprojekte. Damit stellt er sicher, dass er für alle Phasen des gesamten Innovationsprozesses über transparente Abschnitte verfügt. Im Übergang zu jeder Phase gibt es ebenfalls genau definierte Punkte, Gate-Reviews, an denen entschieden wird, ob das Projekt weitergeführt wird, also in die nächste Phase eingebracht wird, oder ob es an dieser Stelle abgebrochen wird.

Eine reife, unternehmerische Innovationskultur zeigt sich oft genau an diesen Entscheidungspunkten. Kreativität in marktfähige Produkte zu überführen, heißt, Geld in die Hand nehmen zu müssen. Die Mittelverwendung ist in jedem Unternehmen eine wichtige Aufgabe. Umso wichtiger ist es, auch im Innovationsprozess klare Spielregeln zu haben, die festlegen, wann ein Projekt von der einen in die nächste, kostenintensivere Phase übergehen kann.

»Wir machen Marktanalysen und Profitabilitätsanalysen und ermitteln so eine Reihe von Kennziffern. Im Rahmen der einzelnen Gate-Reviews wird entschieden, ob abgebrochen oder weitergemacht wird. Wenn weitergemacht wird, werden die Budgetvorgaben immer konkreter, je näher das Projekt der Entwicklungsphase kommt. Die Entwicklungsphase ist sehr wichtig. Ab jetzt kostet es richtig Geld, hier geben wir das meiste Geld aus. Hier werden aber auch die Umsatzerwartungen festgeschrieben und das gesamte Projekt wird komplett auf seinen betriebswirtschaftlichen Erfolgsbeitrag durchgerechnet.« *Qiagen*

Entscheidend sind klare Regeln bei den einzelnen Gate-Reviews. Hier müssen die Erfolgschancen nach harten Parametern geprüft werden. Allen am Entwicklungsprozess Beteiligten muss klar sein, dass ein Abbruch »schwächelnder« Projekte nach klar definierten Regeln den Erfolg des Unternehmens nicht schmälert, sondern stärkt. Dies ist eine wichtige Komponente von Innovationskultur und darf auch nicht aufgrund falscher Rücksichten außer Kraft gesetzt werden. Nur so schafft es das Unternehmen, sein Kraftpotenzial immer wieder zu fokussieren und auf erfolgreiche Projekte zu konzentrieren. Mitarbeiter, die unter solch klaren Regeln arbeiten, schätzen es als einen wichtigen Teil der Innovationskultur, dass einem Projektabbruch keine Träne nachgeweint wird.

Und in dem Maße, wie die Unternehmen ihren Prozess mit ihrer Innovations-Pipeline verbinden, haben sie auch einen gesamthaften Überblick über die zukünftigen Umsatz- und Ertragspotenziale, die sie aktuell bearbeiten. Ist unsere Pipeline mit ausreichend Nachwuchs-Projekten gefüllt? Mit welchem Risiko kommen die geplanten Umsätze und Erträge auch an? An welchen Schlüsselprojekten hängt unser Wohl und Wehe? Das macht allen transparent, wo das Innovationsgeschehen steht und unterstützt konsequente Entscheidungen. Und leistet damit einen wichtigen Beitrag für die Weiterentwicklung einer entscheidungsfreudigen Innovationskultur.

Die höchste Form der Anerkennung ist die Anerkennung

Prinzip in Leistungsorganisationen: Leistung muss sich lohnen

Wir haben bislang noch einen Aspekt, einen sehr menschlichen Aspekt, ausgelassen, der für das Quäntchen mehr Leistung und Leidenschaft im Kampf um den täglichen Unternehmens- und Innovationserfolg von großer Bedeutung ist: die Anerkennung.

Von nichts kommt nichts, sagt der Volksmund. Und Recht hat er. Wenn die Mitarbeiter in den Innovationsbereichen – und natürlich nicht nur diese – so engagiert und kompetent an der gemeinsamen Sache mitwirken sollen, dann wollen sie eine entsprechende Gegenleistung von der Gesamtorganisation sehen, von ihrem Unternehmen. Gerade auf den Führungsebenen wird hart gearbeitet. Team-Leader haben keinen Acht-Stunden-Tag. In vielen Unternehmen steht schon ab dem Eintritt in die außertarifliche Entlohnungszone der berühmte Passus, dass mit dem Gehalt eventuell anfallende Überstunden kompensiert seien. Bei so manchem Job reduziert sich so der theoretisch vereinbarte Stundenlohn schon um ein Drittel. Dem muss etwas gegenüberstehen, sonst würde es ja niemand machen.

Wenn der einzelne Mitarbeiter denkt: Abhängig von meiner Leistung wird sich der Gesamterfolg des Unternehmens ohnehin nicht ändern, das Produkt nicht besser und das Projekt sich nicht beschleunigen, so wäre das eine Einstellung, auf der keine leistungsorientierte Innovationskultur gedeihen kann. Der Mitarbeiter sollte denken: »Es ist meine Leistung die zählt, und die das gesamte Unternehmen nach vorne bringt!« Das ist die richtige Einstellung. Denn die über das Unternehmen zusammengefasste Summe der Einstellungen ergeben den Gesamtimpuls. Wenn jeder Einzelne denkt: »An mir liegt der Erfolg des Unternehmens«, dann stimmt der Beitrag zu einer guten Innovationskultur im Unternehmen. Dann ist die Leistungsbereitschaft zur permanenten Erneuerung hoch. Dann ist jeder Mitarbeiter wach und sein Input wertvoll.

Den Schwung für das »Extra an Leistung« in Gang zu setzen und zu halten, ist eine ganz vornehme Aufgabe des Top-Managements. Für ein Grundgehalt und die nicht notwendigerweise ausgesprochene Aussage, »Seien Sie doch froh, dass sie hier einen so schönen Arbeitsplatz haben« bekommt ein Unternehmen einen klassischen Nine-to-Five-Mitarbeiter, der morgens beim Einstechen schon auf den Speiseplan der Kantine schaut und beim Mittagessen schon überlegt, wie er den Abend nach Dienstschluss am besten gestaltet.

Nein, im Rahmen einer guten Innovationskultur sollten die Anreizsysteme auf Mitarbeiterebene schon durchdacht und aufeinander abgestimmt sein. Dazu bedarf es sinnvoller Maßnahmen mit einer Balance monetärer Vergütung und nicht-monetärer Wertschätzung der Arbeit.

Letztendlich müssen alle Ansätze zur Leistungs-Incentivierung den Kriterien genügen, nach denen wir uns bereits alle Bausteine im Unternehmen angeschaut haben. Die Systeme zum Fördern und Fordern aller Mitarbeiter müssen so gestaltet sein, dass sie ebenso Motivationen wecken, als auch permanent für die Ausrichtung an Idee und Richtung des Unternehmens stehen. Die Schlagkraft und Effizienz des Unternehmens muss dadurch erhöht werden. Das sind die großen Vorzeichen, unter denen über Anreizmechanismen für Mitarbeiter diskutiert werden muss.

In vielen Unternehmen sind Incentivierungs-Systeme, die aus dem Erfolg des Unternehmens eine Bonuskomponente für den einzelnen Mitarbeiter ableiten, heute keine Seltenheit mehr. Das Grundprinzip ist in der Regel ähnlich:

»Wir haben ein dreigeteiltes Salary-System. Erstens gibt es die Base-Salary, das Grundgehalt. Dann erhält jeder eine Bonuskomponente. Diese Bonuskomponente orientiert sich an zwei Bestandteilen. Zum einen an dem Erreichen von Unternehmenszielen. Zum anderen an dem Erreichen persönlicher Ziele. Das können Projektziele sein, aber auch andere. Als dritte Komponente haben wir Aktienoptionen.«

Qiagen

Dass den Unternehmen und Mitarbeitern in wirtschaftlich guten Zeiten der Umgang mit variablen Vergütungssystemen leicht fällt, ist nicht verwunderlich. In solchen Zeiten handelt es sich immerhin um das Verteilen von Zuwächsen. In härteren Jahren dagegen werden Unternehmensziele und damit die Individualkomponenten häufig nicht oder nur teilweise erreicht. In der Konsequenz fällt die gezahlte variable Vergütung gering aus. Dies stellt zwar nicht den grundsätzlichen Sinn und Zweck variabler Vergütung in Frage. Vielmehr erfordern schwierige Zeiten insbesondere, dass Unternehmen die variablen Vergütungssysteme auch mit Blick auf das »Auf und Ab« gestalten. Letztendlich tragen variable Vergütungssysteme nicht nur zu einer gewünschten Kostenentlastung der Unternehmen bei, sondern bewirken auch Anreiz- und Motivationseffekte bei den Mitarbeitern.

Innovative Modelle sehen daher vor, dass Mitarbeiter an den Erfolgen des Unternehmens überproportional partizipieren können, aber ein unterproportionales Risiko tragen, wenn das Gesamtziel des Unternehmens verfehlt wird. So ein Modell, wie beispielweise das »Programm 13 Plus« der 3M hilft, die Mitarbeiter für den Gesamterfolg des Unternehmens stärker zu interessieren und noch stärker partizipieren zu lassen. Es ist *unser* Unternehmen.

Ziehen monetäre Prämierungen in Innovationsbereichen?

Was für die Mitarbeiter im Allgemeinen gilt, muss bei der Frage, ob sich das in ähnlicher oder anderer Form speziell auf die Innovationsleistung anwenden lässt, neu abgewogen werden. Kommt die Motivation, die Leistungsbereitschaft, die Leidenschaft hier nicht stärker »von innen«? Ist Geld hier das richtige Lockmittel? Die Meinungen gehen weit auseinander. Fangen wir mit einer Stimme aus der Wissenschaft an.

Nach der weit beachteten Schrift »The 6 Myths of Creativity« von Prof. Teresa Amabile, Harvard Business School, gehört die Theorie, dass vornehmlich monetäre Entlohnung zu einer Arbeitszufriedenheit im innovativen Bereich führt, in das Reich der Fabeln. Auf Basis empirischer Untersuchungen kommt ihr »Myth number 2« zu dem Ergebnis, dass Mitarbeiter durch unbalancierte Anreizsysteme auf Dauer sogar risikoaverser, das heißt weniger vorwärtsgerichtet und innovativer handeln.

Was sagt die Praxis? Lassen wir einmal ein Spektrum an Erfahrungen von Geschäfts- und Innovationsverantwortlichen auf uns wirken:

»Wir setzen Anreize über die Zielvereinbarungen und variable Gehaltskomponenten. Wir legen Wert darauf, dass die variablen Bestandteile größer sind, als in vergleichbaren Unternehmen. Die Auszahlung der variablen Vergütungen ist an das Erreichen bestimmter Ziele geknüpft, die natürlich unterschiedlich sind. Bei Innovationsthemen werden die Erfolgsschritte in den Vordergrund gestellt. Der langfristige Projekterfolg dauert zu lange, um ihn als erfolgswirksamen Bestandteil in den Vergütungsplan mit aufzunehmen.« *ALTANA*

Altana steht einer variablen Vergütung von besonderen Innovationsleistungen somit positiv gegenüber. Es geht hier vor allem um das Erreichen von Meilensteinen, also um die Sicherung der Umsetzung.

»Für die meisten Mitarbeiter ist es irrelevant, ob sie ein paar Euro brutto mehr im Monat mit nach Hause nehmen. Wir sind sicher, viele würden dieses mehr an Geld jederzeit gegen eine hohe Arbeitszufriedenheit und Anerkennung eintauschen. Arbeitszufriedenheit ist der treibende Faktor für das Thema Innovation und Kreativität. Motivation und Identifikation sind emotional stärkere und nachhaltigere Anreize als ausschließlich die Entlohnung. Geld ist hier nicht der alleinige Motivator.« *AIR LIQUIDE*

AIR LIQUIDE macht den Gegenpol auf und vertritt eine Sichtweise, die von den meisten der von uns befragten Unternehmen tendenziell bestätigt werden: Ein echter »Innovation Spirit« lässt sich durch Geld alleine kaum fördern.

»Wenn die Mitarbeiter bei uns wählen können, wählen sie generell eher einen höheren als einen niedrigen variablen Gehaltsanteil am Gesamtgehalt. Aber mindestens ebenso wichtig ist den Mitarbeitern das Thema Gestaltungsfreiheit. Mitarbeiter wollen sehen, dass sie Dinge umsetzen können.. Hier schaffen wir Anreize einerseits dadurch, dass wir alles tun, um die Ideen zur Marktreife zu bringen. Der mit Abstand höchste Anreiz ist jedoch eigene Budgetverantwortung für Innovationsprojekte zu bekommen.« *Alcatel*

Auch der große Telekommunikationsausrüster Alcatel argumentiert in die Richtung, dass der gegenüber Geld stärkere Anreiz für die Mitarbeiter in Innovationsbereichen in individuellen Gestaltungserfolgen liegt. Die mittelständischen Unternehmen Glashütte Original und Wilo unterstreichen diese Perspektive:

»Leistung muss belohnt werden. Da gibt es durchaus variable Elemente. Wir erwarten aber schon, dass Innovation und Kreativität von selbst heraus aus den Mitarbeitern kommen. Durch ein positives Feedback des Marktes können wir unsere Mitarbeiter ebenfalls motivieren, nicht nur unbedingt durch definierte Entlohnungssysteme. Deshalb stehen diese bei uns gar nicht so im Vordergrund.«

Glashütte Original

»Vergangenes Jahr haben wir eine Mitarbeiterbefragung zur Zufriedenheit im Unternehmen gemacht. Insbesondere bei den Mitarbeitern unseres Forschung-und-Entwicklungsbereiches hat das Thema Dienstwagen überhaupt keine Rolle gespielt. Diese Personen wollen die technische Ausstattung im Entwicklungsbereich, um ihre Ideen auch umsetzen zu können.« *Wilo*

So wichtig das Setzen monetärer Anreize auch ist. Wegen Geld alleine werden die Mitarbeiter in Innovationsbereichen – um mit Antoine de Saint-Exupéry zu sprechen – nicht die »Sehnsucht nach dem Meer« bekommen und nicht für Extraleistungen motiviert. In diesem Lichte muss man sicherlich auch die Wirksamkeit des noch gültigen Arbeitnehmererfindungsgesetzes (ArbNErfG) bewerten, das regelmäßig im Spannungsfeld von Innovationsförderung und bürokratischer Belastung der Unternehmen diskutiert wird.

Innovatoren brauchen einen Mix als Anreizsystem. Die monetäre Komponente kann und darf dabei nicht vernachlässigt werden. Wer das Gefühl hat, für seine Leistung nicht ausreichend entlohnt zu werden, wird nicht motiviert an die Arbeit gehen. Auf der anderen Seite darf die monetäre Incentivierung auch nicht überbewertet werden. Um die volle Leistung der Mitarbeiter abzurufen, bedarf es mehr. Sich einbringen, mitgestalten, flexibel arbeiten, gehört werden, verantwortlich sein, emotional wertgeschätzt werden – das sind für die Mitarbeiter die echten Motivatoren, die im Rahmen einer reifen Innovationskultur zu finden sind.

Diese nicht-monetären Komponenten sind es auch, deren Mischung zu dem gewünschten Effekt führen kann. Sicher hat jeder Mitarbeiter ein anderes Optimum. Jeder Mensch ist ein Individuum. Und das Unternehmen sollte dies respektieren. Qualifizierte Mitarbeiter-Feedbacks können hier wichtige Impulse geben, welche Kombination »softer« Faktoren denn einen möglichst hohen Nutzen entfalten. Wenn das Unternehmen seinen Mitarbeitern das richtige Set an soften Faktoren anbietet, dann werden die harten Ergebnisse auch nicht lange auf sich warten lassen.

Awards: Innovations-Champions im Rampenlicht

Es ist Aufgabe des Top-Managements, permanent die Organisation zu screenen, ob es ganz herausragende individuelle oder Teamleistungen gibt. Diese Leistungen müssen ans Tageslicht. Egal, ob sie von Einzelpersonen oder Teams hervorgebracht wurden. Das besonders Gute muss belohnt werden. Außer der Reihe. Vielleicht auch auf außergewöhnliche Art. Die üblichen Incentivierungen wie zum Beispiel eine separate, still ausgezahlte Prämie sind da sicherlich motivationsfördernd. Aber der psychologische Aspekt ist hier nicht zu unterschätzen. Mitarbeiter möchten, dass auch das Top-Management ihre Leistung sieht und honoriert. Und sind wir ehrlich, sie sind auch stolz darauf, wenn die Kollegen und das private Umfeld Gelegenheit bekommen, von der besonderen Leistung zu erfahren.

Ein in der Unternehmenswirklichkeit sehr verbreiteter Ansatz, Kreativität und Umsetzungsstärke auf dieser Basis zu mobilisieren, sind »Innovation-Awards«. Beispiele wie Merck, Microsoft, IBM, Qiagen, Vodafone, Carl Zeiss, FAG, QVC zeigen, dass viele von Innovationen stark abhängige Unternehmen das Ausloben regelmäßiger Innovationspreise für sich entdeckt haben. Sie zielen auf herausragende Leistungen der Mitarbeiter, manchmal aber auch von wissenschaftlichen Einrichtungen, Kunden, Lieferanten und anderen Partnerunternehmen.

»Wir heben Ideengeber gerne hervor. Bei uns gibt es den Innovator of the Month. Wir haben den R&D-Award und natürlich den Innovations-Award. Alle diese Awards sind mit Geldpreisen ausgestattet. Aber auch andere Anreize, wie zum Beispiel der Parkplatz in der vordersten Reihe, sind damit verknüpft.« *Qiagen*

Diese sind manchmal der Höhepunkt von über das Jahr ausgeschriebenen Ideenwettbewerben. Manchmal fassen sie auch lediglich besondere Innovationsleistungen des vergangenen Jahres zusammen und stellen sie ins Rampenlicht. Die Ausgestaltung der Innovations-Awards ist dabei sehr unterschiedlich.

Generell kann gesagt werden: Die Award-Verleihung muss zum Charakter des Unternehmens passen. Ein an sich stilles, mittelständisches Unternehmen mit authentischer Bescheidenheit würde seine Mitarbeiter vermutlich überraschen, wenn es eine Award-Veranstaltung aufsetzen würde, die grell, bunt und laut daher käme. Die zu ehrenden Personen würden das in diesem Moment eventuell auch gar nicht honorieren. Ein Forscher, der eine für das Unternehmen wichtige Entdeckung gemacht hat, möchte vielleicht gar nicht Teile einer Tschaka-Tschaka-Veranstaltung sein, wie sie die Kollegen aus dem Vertrieb gewohnt sind. Award-Verleihung individualisiert auf das Gesamtklima des Unternehmens – so lautet die Lösung für die Aufgabenstellung.

Erfolgreiche Innovationen sind in der Regel das Ergebnis von Netzwerkarbeit, von Teams. Und es gibt natürlich noch den genialen Einzelerfinder. Konsequenterweise ist es ganz zentral, mit der Gestaltung von Awards beide Innovatoren-Kategorien anzusprechen, vielleicht sogar mit einem leichten Übergewicht für die Team-Awards. Das heißt, je tief gestaffelter die Award-Struktur eines Unternehmens, desto größer ist die Breitenwirkung auf die Organisation. Die Grenze liegt natürlich an der Stelle, an der es »Awards für jedermann« gibt – eine inflationäre Handhabung lässt die innovationsfördernde Wirkung verpuffen.

Ein Beispiel für eine über die Jahre gewachsene und im gesamten Konzern weltweit verankerte und anerkannte Award-Struktur bieten die 3M.

Es wird deutlich, dass herausragende Innovationsleistungen für neue Produkte, aber auch für Prozess- und Geschäftsmodellinnovationen gewürdigt werden.

Neben den unternehmensspezifischen Awards gibt es aber auch noch unzählige Innovationspreise, die von überbetrieblichen Einrichtungen an die Unternehmen vergeben werden. Das Spektrum reicht hier vom hoch anerkannten Innovationspreis der deutschen Wirtschaft, der bereits seit 1980 vergeben wird, über zahlreiche regionale Innovationspreise einzelner Bundesländer, Innovation-Awards von Wirtschaftszeitungen und Stiftungen, bis hin zu verbands- und branchenspezifischen Awards.

Solche Preisverleihungen tragen wieder einen anderen Charakter als die internen Awards. Während bei den internen Awards die Leistung von Innovationsteams oder Einzelner im Unternehmen gewürdigt werden

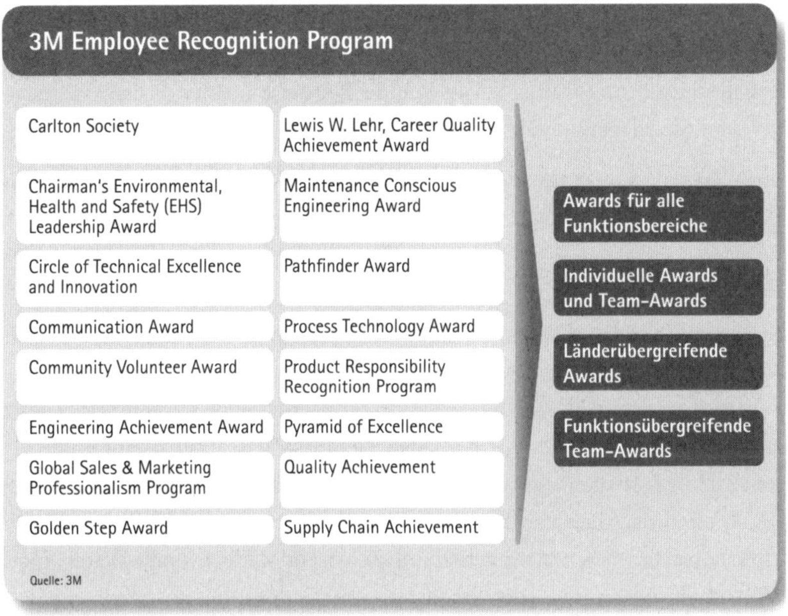

und für Anreiz zur Nachahmung sorgen soll, haben externe *Innovation-Awards* eine andere Zielrichtung: die Öffentlichkeit. Die Preisvergabe signalisiert der Öffentlichkeit, dass hier ein ganzes Unternehmen eine besondere Leistung erbracht hat.

Die Preisübergabe erfolgt meist im großen Rahmen unter Anwesenheit von Pressevertretern. Den Preis nimmt zumeist ein Mitglied des Vorstandes oder der Geschäftsführung entgegen. Die Preisvergabe an sich kann damit das ganze Unternehmen mit Stolz erfüllen. Aber es liegt an der Unternehmensführung, diesen Impuls nach innen zu tragen.

»Für Unternehmen unsere Branche gibt es die Auszeichnung *Uhr des Jahres* vom Uhren-Magazin. In den vergangenen sechs Jahren haben wir drei Mal diesen Preis gewonnen. Wichtig ist, dass wir dieses positive Feedback an die Mitarbeiter weiterleiten. In unserem eigenen Kundenmagazin Momentum gibt es dann entsprechende Porträts der Mitarbeiter, die in besonderem Maße an dem Erfolg mitgewirkt haben. Wir glauben sehr daran, dass dies motivierender ist, als zwei Prozent Gehaltserhöhung.«
Glashütte Original

Eine Variante der Internalisierung ist das Weitertragen der Botschaft im

Unternehmen und an die Kunden. Die direkt am Erfolg beteiligten Mitarbeiter werden hier noch einmal explizit gewürdigt, auch wenn die Unternehmensleitung ihrem Status gemäß bei der externen Preisverleihung auf dem Siegertreppchen stand.

»Preisverleihungen für Innovationen werden bei uns sehr beachtet und in unseren Miele-Zeitschriften weltweit gefeiert. Wenn wir einen externen Preis gewonnen haben, ist es eine Grundregel bei uns, dass nicht nur das Top-Management dahin fährt und den Preis entgegennimmt.« *Miele*

Genau wie interne Preisverleihungen wecken externe Preisverleihungen den Stolz der Mitarbeiter. Es ist Zeichen einer hervorragenden Innovationskultur, wenn die Fähigkeit ausgeprägt ist, Siege gemeinsam feiern zu können. Die Erfolge der Kollegen genau so feiern zu können wie eigene Erfolge ist nicht nur ein edler Charakterzug. Es ist die Quintessenz der Erfahrung, dass die Summe der Erfolge über alle Mitarbeiter das Unternehmen nach vorne bringt. Neid ist ein schlechter Begleiter. Den Wunsch hingegen, bei der nächsten Preisverleihung mit dem eigenen Team auf dem Siegertreppchen zu stehen, ist nicht nur legitim, er ist erwünscht. Das ist erstens menschlich und entspricht zweitens einem gesunden Gefühl von Sportlichkeit.

Award-Verleihungen sind eine Frage der Kultur. Manches Unternehmen würdigt die Leistungen der Mitarbeiter in einer Feierstunde im eher stillen, kleinen Kreis. Andere Unternehmen richten die Scheinwerfer bei treibender Musik auf die siegreichen Teammitglieder, die inmitten der Kollegen auf einem Podest stehen. Jedes Unternehmen sollte für sich bestimmen, was angemessen erscheint. Aber jedes Unternehmen sollte es tun! Mitarbeitern die Anerkennung zu geben, die sie verdienen, ist ein extrem hoher Motivator. Wenn alle Mitarbeiter sehen, in unserem Unternehmen wird genau darauf geschaut, wer die innovativen Erfolge bringt. Und wenn sie sehen, dass das Unternehmen diese Personen besonders würdigt und ihnen Wertschätzung erweist, so ist das Ansporn, die eigenen Anstrengungen danach zu verstärken. Interne Award-Verleihungen und die Internalisierung externer Awards sind wichtige Instrumente, Mitarbeiter zu motivieren. Sie sind Zeichen einer ausgeprägten Innovationskultur. Kein Unternehmen sollte darauf verzichten.

Das Spektrum der Möglichkeiten, die Mitarbeiter incentivieren sollen, Leistungsreserven zu mobilisieren, um die Innovationsziele zu erreichen, ist somit recht lang. Der Fantasie, daraus die beste Kombination zu finden, sind keine Grenzen gesetzt. Die kreativen Unternehmen werden sich im Kampf um die besten Köpfe durchsetzen. Wer das größte und sinnvollste »Wohlfühlpaket« anbietet, hat gute Karten im Rennen um Mitarbeiter. Die Kombination aus einem transparenten und als gerecht empfundenen monetären Basispaket in Verbindung mit einem kreativen Paket an »soft factors« dürfte bei den Mitarbeitern zu einem langfristigen und ernsten Commitment zum Unternehmen und seinen Zielen führen.

Im Grunde genommen entspricht es auch einer inneren Logik. Wenn ein Unternehmen für sich in Anspruch nimmt, es wolle an der Spitze der innovativen Unternehmen stehen und mit Innovationen permanent organisches Wachstum generieren, dann stimmt es nachdenklich, wenn es sich gerade im Bereich der Mitarbeiter als ideenlos präsentiert. Das passt nicht. Innovatives Denken als das Ergebnis einer guten und geförderten Innovationskultur durchzieht per se das ganze Unternehmen. Die Incentivierung der Mitarbeiter ist somit nur einer von vielen betrieblichen Aspekten, bei denen die Unternehmensführung sich die Frage stellen muss: Haben wir alles getan, um das Bestmögliche aus unseren Mitarbeitern herauszuholen?

Keine Angst vor Fehlern

Flache Hierarchien, maximale Delegation, die Forderung nach Eigeninitiative und eine immer höhere Arbeitsgeschwindigkeit setzen auch voraus, dass der Mitarbeiter keine Angst haben muss, für Fehler, die er macht, hart an den Pranger gestellt zu werden. Das Unternehmen, der Vorgesetzte, überträgt ihm Verantwortung. Mit dieser muss er lernen umzugehen. Eine gewisse Fehlertoleranz ist somit ein Teil dieser Logik.

»Ein Management, das überkritisch auf Fehler reagiert, zerstört Eigeninitiative. Doch Mitarbeiter mit persönlichem Engagement sind lebenswichtig, wenn ein Unternehmen weiter wachsen will. Fehler wird es immer geben. Aber die Fehler der Mitarbeiter, die meist die richtigen Dinge tun, sind nicht so gravierend wie die, die dadurch entstehen, dass das Management den Verantwortlichen genau vorschreiben will, wie sie ihre Arbeit zu verrichten haben.«

William McKnight, ehemaliger CEO von 3M

Fehlertoleranz ist eine unbedingte Voraussetzung für eine gute Innovationskultur. Wo gehobelt wird, da fallen Späne. Es ist wichtig, dass die Mitarbeiter wissen, dass sie klar und offen zu Fehlern und Irrtümern stehen können. Nein, sie müssen Fehler klar und offen kommunizieren. Es erwächst ihnen kein Nachteil daraus.

Ein professionelles Unternehmen wird mit dem Mitarbeiter oder dem Team gemeinsam analysieren, wo denn der Fehler genau lag. Gemeinsam muss überlegt werden, wie man aus dieser Erfahrung lernen kann. Aus Fehlern lernen ist Evolution. Dies muss insbesondere für Bereiche im Unternehmen gelten, die definitionsgemäß mit Innovationen zu tun haben.

Fehlertoleranz hat nicht nur die formale, offizielle Komponente, dass das Unternehmen klar kommuniziert, dass das Fehlermachen toleriert wird. Eine echte Innovationskultur verlangt mehr. Beispielsweise, dass über Fehler anderer auch nicht hinten herum gelästert werden darf. Mitarbeiter, die sich versuchen, über Fehler anderer zu erhöhen, passen kaum in das Gefüge, das ein offenes, vorwärtsgerichtetes und entscheidungsorientiertes Netzwerkunternehmen braucht. Der Erfolg ist der Erfolg aller. Der Misserfolg ist ebenfalls der Misserfolg aller.

Das soll und darf kein Freibrief sein. Aus Fehlern muss gelernt werden. Wenn die gleichen Fehler zwei oder mehrere Male hintereinander gemacht werden, ist es an der Zeit zu analysieren, wie dies passieren konnte. Fehlt es an anderen Voraussetzungen in der Entwicklung des Mitarbeiters oder des Teams? Warum hat sich kein Lernerfolg eingestellt? Bei wiederholten Fehlern ist es auch im Interesse des Unternehmenserfolges zu signalisieren, dass dies nicht oder nur bedingt toleriert wird.

Zu wissen, dass das Unternehmen eine professionelle Fehlerkultur hat, motiviert die Mitarbeiter. Sie können angstfrei an Versuche und Projekte gehen. In der Summe erhöht es auch die Effizienz, da Vertuschungsversuche oder Ränkespiele nach dem Motto, »wem schieb ich den Fehler in die Schuhe« nicht notwendig sind. Das spart Zeit und erhöht das zur Verfügung stehende Wissen. Wenn ich einen Fehler analysiert habe, habe ich die Chance, ihn keine zweites Mal mehr zu begehen.

Alle Bemühungen des Unternehmens zielen darauf ab, Erfolge zu erzielen. Das ist nur natürlich so. Aber es gibt auch Misserfolge. Arbeitnehmer achten sehr darauf, wie ein Unternehmen mit Misserfolgen umgeht und insbesondere wie es mit jenen umgeht, die den Misserfolg zu verantworten haben. Ein Auseinanderklaffen zwischen Anspruch und Wirklichkeit wird hier besonders rasch wahrgenommen.

Die meisten Unternehmen geben nach außen die Botschaft: »Bei uns dürfen Fehler gemacht werden. Nur halt nicht zweimal die gleichen hintereinander.« Das ist der Standardsatz auf die Frage: »Wie geht ihr Unternehmen mit Fehlern um?«

Die Realität wird hier differenzierter ausfallen. Wie viel Geld hat der Misserfolg gekostet? War der Misserfolg unvermeidbar oder wurde er aus Leichtsinn provoziert? Das sind Fragen, die in einem guten Unternehmen offen und zielorientiert geführt werden müssen. Harte Konsequenzen bei offensichtlichen Fehlern werden auf Verständnis treffen, wenn offen und transparent ist, was passiert ist. Sollte es aber so sein, dass das Team und sein Leader alles Menschenmögliche getan haben, um das Projekt zum Erfolg zu bringen, es aber aus offensichtlichen Gründen nicht erreichen konnten, so überzeugt die beobachtenden Mitarbeiter nur eines: die volle Loyalität des Unternehmens und seines Top-Managements zum Team. Erfolge sind gemeinsame Erfolge, Misserfolge müssen dann auch gemeinsame Misserfolge sein. Zu wissen, dass man bei Misserfolgen sich immer auf das Verständnis der Organisation berufen kann, fördert Hasardeure. Zu wissen, dass man sich nach wacker geschlagener aber verlorener Schlacht auf das Backing der Vorgesetzten verlassen kann, fördert risikobewusste und zunehmend erfahrenere Mitarbeiter. Und im gesamten Unternehmen führt es zu dem Wissen, dass hier nach klaren, sauberen und hohen Maßstäben gehandelt wird.

Momentum erzeugen – Agenda für eine neue Innovationskultur

Jeder Tag, der in einem Unternehmen vergeht und an dem kein Versuch unternommen wurde, die Innovationskultur im Unternehmen auf ein höheres Niveau zu bringen, ist ein verlorener Tag. Und verlorene Tage summieren sich auf. Sie werden zu verlorenen Wochen, Monaten und Jahren. Und in dieser Zeit stellen viele Unternehmensführungen fest, dass der Abstand zu den erfolgreicheren Wettbewerbern nicht kleiner wird. Die Rücklichter, die man vor kurzem noch vor sich sah, als man glaubte, noch zum Überholen ansetzen zu können, entfernen sich.

Unter der Prämisse, dass nur Innovationen zu organischem Wachstum führen, ist es legitim den Schluss zu ziehen, dass alle Tätigkeiten im Unternehmen darauf abzielen müssen, dieses Ziel zu erreichen. Eine gute Innovationskultur ist aus unserer Sicht die allerbeste Vorsorge, dass Unternehmen nicht in eine Wachstumslücke hineinlaufen. Und der allerbeste Garant dafür, die Fahne im Wettbewerb dauerhaft ganz vorne zu tragen.

Nicht nur die Mitarbeiter in Forschung und Entwicklung sind für Innovationen zuständig! Innovation ist eine Sache, die jeden im Unternehmen angeht. Wir haben im Laufe des Buches an vielen Stellen gesehen, wie Mitarbeiter aus ganz verschiedenen Bereichen, und Inspiratoren aus Bereichen, an die man zunächst gar nicht denkt, Innovationen mobilisieren und beschleunigen können.

Jeder Mitarbeiter des Unternehmens, egal an welcher Position er sitzt, muss wissen, dass es das Unternehmensziel ist, mit Innovation zu wachsen. Er muss das Ziel kennen, er muss es akzeptieren, er muss es verstanden haben – und er muss seine ganze Kraft mit Leidenschaft diesem Ziel widmen. Unternehmen, die es schaffen in ihren Mitarbeitern diese

Leidenschaft, diese Begeisterung zu wecken, sind auf der Siegerstraße. Wir haben in diesem Buch mit Hilfe zahlreicher Gesprächspartner, die das Thema Innovation in ihren Unternehmen vorantreiben, versucht, die wichtigsten Bestandteile und Einflussfaktoren einer ausgezeichneten Innovationskultur zu erarbeiten und dem geneigten Leser strukturiert darzulegen.

In Kapitel eins haben wir uns den Innovationsdruck in Erinnerung gerufen, dem Unternehmen heute schon im internationalen Wettbewerb ausgesetzt sind und der aus einer Reihe von Gründen weiter steigen wird. Und wir haben gezeigt, dass die Verbesserung der Innovationskultur aus Sicht des Managements flächendeckend ganz oben auf der CEO-Agenda steht.

In Kapitel zwei haben wir gezeigt, wie elementar wichtig es hierfür ist, dass die Unternehmen in ihrer Vision ein »Bild zukünftiger Geschichte« zeichnen, welches geeignet ist, die Mitarbeiter wirklich mitzureißen.

Kapitel drei beleuchtete den Trend, dass Innovationen zukünftig immer mehr aus intensiver Netzwerkarbeit resultieren. Es zeigt daher ein breites Spektrum organisatorischer Ansätze, die das Wissen der Organisation und des Unternehmensumfelds bestmöglich vernetzen können.

Die wesentlichen Träger einer reifen Innovationskultur sind aber nicht Prozesse, Strukturen und Methoden. Der Mensch, der Mitarbeiter steht im Mittelpunkt. In Kapitel vier haben wir daher die vielen Rollen und Typen beschrieben, die eine energiegeladene Innovationskultur braucht. Und wir haben beschrieben, wie Unternehmen mit ihren Top-Talenten und Innovatoren umgehen müssen, um eine maximale Leistungsbereitschaft zu erzeugen.

Im Zusammenhang mit dem Thema Innovationskultur wird immer wieder die Schaffung von Freiräumen für eigenständiges kreatives Arbeiten genannt. Wir haben in Kapitel fünf gezeigt, welche konkreten Ansätze hier erfolgreich eingesetzt werden können. Wir sehen die Schaffung von Freiräumen aber auch klar unter dem Aspekt, allen »Ballast« aus der Innovationsarbeit zu nehmen.

Kreativität und Leidenschaft zur Umsetzung können sich besser entfalten, wenn Unternehmen verschiedene Stimuli ansetzen. Innovationsimpulse, das Neue zu wagen, können durch Ideenplattformen, aber auch durch besondere Anerkennungen für das Besondere, deutlich gefördert werden. Diesem Aspekt haben wir uns in Kapitel sechs gewidmet.

Die Implementierung der gezeigten Ansätze in Richtung einer Innovationskultur für das Mehr an Kreativität und Umsetzungsqualität kann für manches Unternehmen eine Evolution sein, für manche eine Revolution.

Natürlich ist es ideal, wenn sich Innovationsverantwortliche die in den vorgenannten Kapiteln gemachten ganzen Punkte zu Herzen nehmen und versuchen, die Innovationskultur in einem Schlag unter allen Aspekten in ihrem Unternehmen umsetzen zu wollen. Wir sind überzeugt, dass dies eine zentrale und erfolgskritische Aufgabe ist. Aber sind wir ehrlich. Es ist auch eine sehr schwere und langwierige Aufgabe.

Wir wiederholen es hier: Eine gute Innovationskultur kann man ausschalten wie das Licht, aber nicht so schnell wieder einschalten. Denn Innovationskultur hat im Kern mit den Menschen und ihrem Verhalten, ihrer Interaktion im Unternehmen zu tun. Und vor allem Unternehmen, die sich dauernd reorganisieren, legen einen Mühlstein auf die Entwicklung der Innovationskultur. Denn: Organisatorischer Umbruch bedeutet Verwirrung, Unsicherheit und Aufruhr, einerseits auf einer persönlichen Ebene, andererseits auf einer strategischen, die das Unternehmen als Ganzes betreffen.

Jedes Unternehmen hat somit seinen ganz spezifischen wirtschaftlichen Kontext, es hat Traditionen und unterliegt Konventionen. Es ist schwer, Verhaltensweisen von heute auf morgen zu ändern. Aus den zahlreichen Interviews und Studien, die wir für dieses Buch durchgeführt haben, haben wir versucht, eine Agenda zur Umsetzung zu erstellen.

Diese Punkte sind Prioritäten, die unsere Interviewpartner sehen, wenn sie Empfehlungen geben sollten, womit Unternehmen anfangen sollten, um ihre Innovationskultur zu verbessern, um ein neues »Momentum« zu erzeugen. Wir haben die Empfehlungen, die sich auch durch unsere weiteren Studien bestätigt finden, in einem möglichen Fahrplan zur Umsetzung strukturiert.

Wir halten alle genannten Empfehlungen für wichtig und sinnvoll.

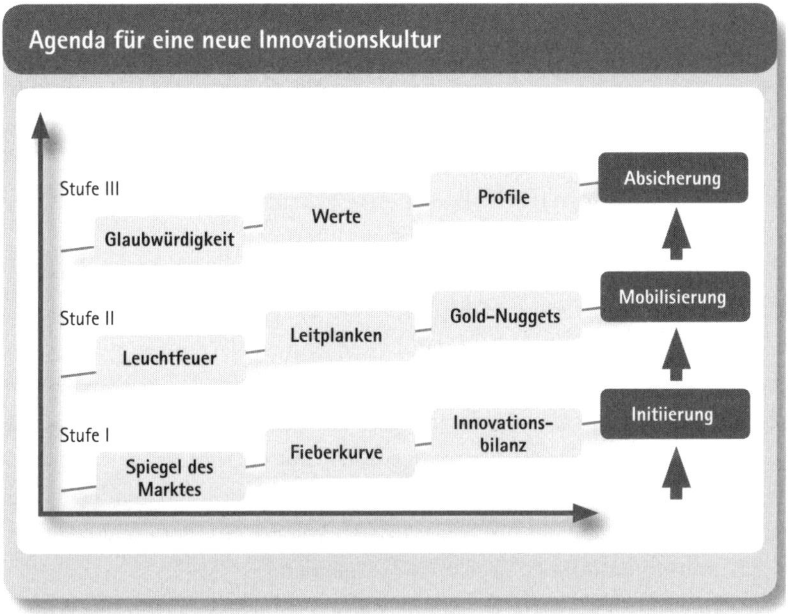

Jede einzelne Stoßrichtung kann im Unternehmen schon eine positive Wirkung entfalten, wenn sie richtig angegangen wird. Werden mehrere dieser Themen angegangen, interagieren sie und potenzieren sich in ihrer Wirkung. Wenn die Unternehmen mehr Mut gefasst haben und sehen, welche positiven Auswirkungen die Umsetzung einzelner Punkte auslösen, steht sicherlich bald eine Gesamtprogrammatik im Fokus.

Die Erfahrung und das Schicksal vieler Unternehmensprogramme im Innovationsbereich zeigt, dass ein »Ausdenken im stillen Kämmerlein«, beispielsweise durch Business-Development, mit anschließender »Big-Bang«-Kommunikation und Umsetzung, zu häufig nicht funktioniert hat. Solche Initiativen – und wir reden hier nicht von harten Effizienzprogrammen oder ähnlichem – müssen immer getragen werden von der Einsicht der Organisation, etwas verbessern zu wollen.

Diese Einsicht zu erzeugen, ist daher das Ziel der ersten Phase. Wir nennen sie Initiierung, in dem Sinne, die Kugel ins Rollen zu bringen, und zwar erst langsam und dann immer schneller.

(1) Spiegel des Marktes: Unternehmen sollten sich in einem allerersten

Schritt den Spiegel des Marktes und der Kunden vorhalten. Und zwar ehrlich und ungefärbt. Wie sieht uns unser Markt, und zwar nicht nur die eng umsorgten Lead Customers, unsere Innovativität? Haben wir ein positives, ein kaum ausgeprägtes oder ein schwaches Innovationsimage? Und warum? Werden unsere Produkte geschätzt oder eher die Art und Weise der Zusammenarbeit? Dieser erste Schritt zeigt somit auf, welcher »Innovationsdruck« von außen auf das Unternehmen wirkt.

(2) Fieberkurve: Auf dieser Basis zielt ein zweiter Schritt auf die Beleuchtung des Innensystems, also der »Fiebermessung« der Innovationskultur im Unternehmen. In vielen Unternehmen kann man hierfür auf die regelmäßigen Mitarbeiterbefragungen aufsetzen. Die Kunst besteht allerdings einerseits darin, ein geschlossenes Bild zur Innovationskultur zu erhalten, d. h. alle relevanten Kriterien mit einzubeziehen. Andererseits muss gewährleistet sein, dass auch ein ehrliches, flächendeckendes Bild erzeugt wird. Hierdurch lassen sich spätere Akzeptanzhürden bei der Kommunikation der Ergebnisse vermeiden.

(3) Innovationsbilanz: Die Summe der Perspektiven, die des Marktes und der Kunden sowie der eigenen Organisation führt zur Beantwortung der ganz zentralen Fragen: Wo steht unsere Innovationskultur? Was ist gut, was ist schlecht gelaufen? Wo müssten wir ansetzen, etwas zu verbessern? Es muss an dieser Stelle nicht zwingend darum gehen, bereits die große »Blaupause für die neue Innovationskultur« zu entwickeln. Das endet oft in einem typischen »Programm-Mausoleum« – ein Dach, drei Programmsäulen und eine zusammenhaltende Bodenplatte – das möglicherweise von einer Vielzahl hochgezogener Augenbrauen quittiert wird. Es geht vielmehr darum, vielleicht wenige, aber dafür sehr konkrete Ansätze anzustoßen, und diese dann auch ganz konsequent umzusetzen. Diese konkreten Maßnahmen sind es auch, die den Kern einer wirksamen Kommunikation ins Unternehmen darstellen: Den »Sense-of-Urgency« bei allen Innovationsverantwortlichen klar auf den Punkt bringen und konkret etwas in Angriff nehmen.

Entscheidend ist hier eine glaubwürdige Kommunikation: Das Top-Management ist der Kompasszeiger des Unternehmens. Dessen Handeln hat Vorbildfunktion. Programmatische Reden werden von den Mitarbeitern genauestens analysiert. Vielleicht muss der Sense-of-Urgency durch eine »Blut-Schweiß-und-Tränen-Rede« transportiert werden. Vielleicht aber auch nur durch den Raum zwischen den Zeilen. Wiederholung ist die Mutter des Wissens, lautet ein altes russisches Sprichwort. Die ständige Wiederholung wird zunehmend die Aufmerksamkeit auf diesen Punkt richten.

(4) Leuchtfeuer: Die Notwendigkeit des Handelns ist der Organisation verdeutlicht worden, Maßnahmenpakete angedacht. Was jetzt getan werden muss, um die Organisation für Innovation zu mobilisieren, muss sicherlich sehr einzelfallbezogen beantwortet werden. Wir gehen jedoch davon aus, dass es wichtig ist, die eigene Vision noch einmal auf den Prüfstand zu stellen. Eine gute Unternehmensvision ist »Leuchtfeuer am Horizont für Innovationen«. Es geht also weniger um eine inhaltliche Revision, nicht um – wie in vielen Unternehmen formuliert – den Markt- und Wettbewerbsanspruch, »ganze vorne« mitspielen zu wollen. Vielmehr geht es um die Frage, ob unsere Vision einen »emotionalen« Kern hat, ob sie geeignet ist, den Sinn unseres Unternehmens zu transportieren. Und ob sie gute Projektionsfläche ist, die Leidenschaft der Mitarbeiter für das Finden, Probieren und Umsetzen des Neuen freisetzen zu können. Wie hier gezeigt, kann man sich dieser Aufgabe methodisch ganz unterschiedlich nähern, entscheidend ist das Ergebnis.

(5) Leitplanken: Das ist wichtig, reicht aber natürlich noch nicht. Um daraus Impulse für Ideen zu erzeugen, hat es sich bewährt, daraus mehrere Themenfelder als Basis der Ideen-Akzelerierung abzuleiten. Das können marktbezogene Themen sein – »Wie können wir unseren Kunden einen noch höheren Nutzen stiften« -, es können aber auch Technologieplattformen sein – »Was können wir aus unseren technologischen Kompetenzen noch alles machen«. Diese Themen sind im nächsten Schritt eine gute Basis für die Mobilisierung von Ideen. Viele Unternehmen haben bereits solche Plattformen definiert. Es ist aber immer lohnenswert, sich von Zeit zu Zeit zu hinterfragen. Die Macht der Gewohnheit ist ein starker Klebstoff. Ein Neuschneiden von Denkmustern und ein gelegentliches Durchbrechen eingeschliffener Bahnen löst in einer guten Innovationskultur Impulse für Neues aus.

(6) Gold-Nuggets: Wie ein Unternehmen nun die Welle lostreten will, um auf vielleicht ganz neue Ansätze und Ideen für Produkte, Services und Geschäftsmodelle zu kommen, ist sicherlich eine ganz individuelle Sache, das haben wir bereits mehrfach betont. Ob es gleich eine weltweite, internet-unterstützte Innovationsoffensive unter Einbeziehung aller Unternehmensbereiche und des Umfeldes sein muss, können wir pauschal nicht beantworten. Vielleicht ist es auch nur das fokussierte Vernetzen bislang getrennter Disziplinen und Regionen, verbunden mit dem Ansatz, die eigenen High Potentials einmal ganz eng in »Zukunftsteams« zusammenarbeiten zu lassen. Es geht um das Spielen in einer Atmosphäre des Vertrauens. Das Spektrum der Möglichkeiten ist, wie in den vorangegangenen Kapitel gezeigt, groß. Wichtig ist: Es müssen »Showcases« dabei herauskommen, Beispiele, die geeignet sind, der gesamten Organisation das Funktionieren der »neuen Denke«, von Vernetzung, aufzeigt. Richtig kommuniziert erzeugt das Momentum.

(7) Glaubwürdigkeit: Ist der Stein erst einmal ins Rollen gekommen, kommen die Themen ins Spiel, die tendenziell eine Grundlage für die Stabilisierung einer neuen Innovationskultur darstellen. Die Organisation honoriert Glaubwürdigkeit. Vertrauen muss erworben werden. Nur in den seltensten Fällen kann man einen Vertrauensvorschuss erhoffen. Glaubwürdigkeit ist ein tragendes Element einer guten und langfristigen Innovationskultur. Mitarbeiter haben feine Antennen dafür, wenn den Worten nicht die entsprechenden Taten folgen. Sie stellen das Thema Glaubwürdigkeit schonungslos auf den Prüfstand. Haben die Führungskräfte in der Vergangenheit immer den Worten entsprechende Taten folgen lassen? Glaubwürdigkeit kann man durch neue Budgets fördern, einen großen Schwung bekommt die Innovationskultur allerdings erst durch die Ausrichtung der Prozesse und Strukturen für »mehr Innovationen«.

Alle organisatorischen, alle Systembarrieren müssen ausgeräumt werden, die Wissensfluss, Kreativität, Geschwindigkeit und Arbeitsqualität behindern. Prozesse müssen effizienter und schneller gemacht werden, Strukturen, die zusammengehören, zusammengeführt, neuen Freiraum schaffende Arbeitszeitmodelle umgesetzt und Büroarchitekturen, die eher einengend und beklemmend wirken, geöffnet werden. Die Unternehmen sollten ihren Innovationsbereich nach unnötigen, überflüssigen Fesseln durchforsten. Es werden sich Dutzende davon finden. Mitarbeiter sollten beauftragt werden, unnötige Fesseln zu identifizieren, die das Management dann abstreift. Das schafft echte Glaubwürdigkeit.

(8) Werte: Erst jetzt ist eigentlich der richtige Zeitpunkt gekommen, die Grundsätze des »neuen« Zusammenarbeitens klar und messerscharf zu formulieren. Erst jetzt liegen erste Erfahrungen vor, wie sich der Weg zum Aufbruch in eine neue Innovationskultur gestaltet hat. Die Grundsätze umfassen nicht nur die einfachen Themen wie beispielsweise Arbeitsprinzipien. Sie adressieren auch die Frage, wie der Einzelne in seinem Innovationsbeitrag gemessen werden soll und welche Entwicklungsperspektiven sich daraus ergeben. Zu den Werten gehört auch, die Themen Risiko und Fehler festzuschreiben. Projekte abbrechen oder Fehler früh zugeben sind keine Schande: Kill early, kill cheap.

(9) Profile: Mit welchen Mitarbeitern können wir und wollen wir die Zukunft gestalten? Wer kommt mit der neuen Form des Umgangs zurecht, wer findet seinen Platz in der neuen Innovationskultur, und wer nicht? Die Frage des richtigen Mitarbeiterprofils, der Mannschaft, kann man jetzt, kann man aber auch ganz am Anfang stellen. Denn letztlich sind es die Mitarbeiter, die eine Innovationskultur überhaupt verkörpern. Will sich ein Unternehmen von A nach B bewegen, muss es in der Regel mit der Mannschaft leben, die es hat. Situationen, die ein schnelles Zusammenwürfeln ganz unterschiedlicher Kulturen bedeuten – Fusionen, Ausgründen großer Geschäftsfelder mit breiten Neubesetzungen – zeigen, dass es sehr lange braucht, bis sich stabile, nach vorne gerichtete Netzwerke bilden. Ein Erfolgsfaktor, der in harten Umbruchsituationen jedoch immer wieder zu beobachten ist, ist eine neue »Gallionsfigur« für das Thema Innovation aufzubauen, vielleicht von außen einzusetzen. Frischer Wind, anders denken, schnell zupacken, unbekümmert verändern und Erfolge teilen – das kann eine Innovationskultur gerade in »schweren Zeiten« hochziehen und stabilisieren.

»Ein guter Spruch ist die Wahrheit eines ganzen Buches in einem einzigen Satz.«

Theodor Fontane

»Ich arbeite hier wirklich gerne«, das ist ein wichtiges Bekenntnis, das ein Mitarbeiter von ganzem Herzen sagen sollte, die Basis für Leidenschaft und eine überlegene Innovationskultur. Und diese »Wahrheit« ist gestaltbar.

»Cultivating Innovation« – Die Unternehmensinitiative

Als sich im Herbst 2004 namhafte Unternehmen in der »Langen Foundation« bei Düsseldorf trafen, wurde dort der Grundstein für eine ehrgeizige Initiative gelegt: Hoch innovative Unternehmen wollten gemeinsam die praxiserprobten Stellschrauben erfolgreicher Innovationskulturen identifizieren und damit der deutschen Wirtschaft einen wichtigen Impuls für verbesserte Wettbewerbsfähigkeit geben.

Diesem Engagement lag zum Einen die tiefe Überzeugung aller teilnehmenden Unternehmen zugrunde, dass es an erster Stelle die innovationsfördernde Unternehmenskultur ist, die die Voraussetzung für Spitzenleistungen ist. Und zum anderen die Feststellung, dass es trotz der immensen Bedeutung der unternehmerischen Innovationskultur, bislang keinen umfassenden, praxisnahen und umsetzbaren Gestaltungsrahmen für dieses Managementthema gab.

Die Initiative »Cultivating Innovation«, die unter der Schirmherrschaft des Bundeswirtschaftministeriums steht und von der 3M Deutschland koordiniert wird, hat seit ihrer Gründung viele erfolgreiche Konzepte und Beispiele effektiver Innovationskulturen aus der unternehmerischen Praxis zusammengetragen, analysiert und greifbar gemacht, und hat damit das entscheidende Fundament für das Verständnis und die Gestaltbarkeit von Innovationskultur gelegt.

Die Erkenntnisse, die aus der Arbeit dieses Initiativkreises hervorgegangen sind, finden sich in dem vorliegenden Buch wieder.

Wir danken allen Partnerunternehmen von »Cultivating Innovation« für ihre wertvollen Beiträge, ihren offenen Dialog, ihr Engagement und ihre Leidenschaft zur Erneuerung.

Mitwirkende Unternehmen

3M (www.mmm.de)

3M ist ein Multitechnologieunternehmen mit innovativen Produkten und Services. In seinen sechs Geschäftsfeldern Consumer and Office, Display and Graphics, Electro and Communications, Health Care, Industrial and Transportation sowie Safety, Security and Protection Services zählt 3M weltweit zu den führenden Anbietern. 3M beschäftigt mehr als 69 000 Mitarbeiter weltweit und erzielte im Geschäftsjahr 2005 einen Umsatz von 21,2 Milliarden Dollar. Rund 1,2 Milliarden Dollar werden pro Jahr allein für Forschung und Entwicklung aufgewendet. Das Fundament des Know-hows bilden über 30 Technologie-Plattformen, auf deren Basis heute rund 50 000 verschiedene Produkte hergestellt werden.

Jürgen Jaworski, Geschäftsführer und Direktor Industrie- & Transportmärkte Deutschland, ist Autor dieses Buches. Darüber hinaus hat Stephan Rahn, Leiter der Initiative »Cultivating Innovation« das Unternehmen im Rahmen dieses Buches repräsentiert.

Air Berlin (www.airberlin.com)

Mit 13,5 Millionen beförderten Fluggästen im Jahr 2005 ist Air Berlin die zweitgrößte deutsche Fluggesellschaft und der Marktführer im Low-Cost-Carrier-Markt. Mit über 2 800 Mitarbeitern hat Air Berlin im Jahr 2005 einen Flugumsatz von ca. 1,2 Milliarden Euro erzielt.

Im Rahmen dieses Buches hat Joachim Hunold, CEO von Air Berlin, das Unternehmen repräsentiert.

AIR LIQUIDE (www.airliquide.de)

Die AIR LIQUIDE-Gruppe ist ein weltweit tätiger Anbieter von technischen und medizinischen Gasen. AIR LIQUIDE versteht sich als Lösungsanbieter für alle gasrelevanten Probleme. Die AIR-LIQUIDE-Gruppe beschäftigt heute in über 70 Ländern fast 36 000 Mitarbeiter. Der Jahresumsatz des Konzerns lag im Jahr 2005 bei 10,4 Milliarden Euro.

Im Rahmen dieses Buches haben Markus Sieverding, Vorsitzender der Geschäftsführung AIR LIQUIDE Deutschland, und Britta Glogau, Leiterin Kommunikation & Marketing Service, das Unternehmen repräsentiert.

Alcatel (www.alcatel.de)

Alcatel liefert Kommunikationslösungen für Netzbetreiber, Diensteanbieter und Unternehmen, damit diese für ihre Kunden oder Mitarbeiter Sprach-, Daten- und Videoanwendungen bereitstellen können. Alcatel nutzt seine führende Stellung bei Fest- und Mobilfunknetzen sowie bei Anwendungen und Diensten, um für seine Kunden in einer anwenderorientierten Breitbandwelt die Wertschöpfung zu steigern. Alcatel ist mit 58 000 Mitarbeitern in über 130 Ländern aktiv und erzielte 2005 einen Umsatz von 13,1 Milliarden Euro.

Im Rahmen dieses Buches hat Herr Alf Henryk Wulf, Stellvertretender Vorstandsvorsitzender der Alcatel SEL AG und stellvertretender Vorsitzender der Geschäftsführung der Alcatel Deutschland GmbH, das Unternehmen repräsentiert.

Altana (www.altana.de)

Altana ist ein internationaler Pharma- und Chemiekonzern. Mit rund 13 500 Mitarbeitern weltweit hat Altana im Jahr 2005 einen Umsatz von ca. 3,3 Milliarden Euro erwirtschaftet. Altana Pharma konzentriert sich auf innovative verschreibungspflichtige Therapeutika. Das Kerngeschäft umfasst Magen-Darm-, Atemwegs- und Herz-Kreislauf-Medikamente. Altana Chemie bietet weltweit innovative, umweltverträgliche Problemlösungen mit dazu passenden Spezialprodukten für Lackhersteller, Lack- und Kunststoffverarbeiter und die Elektroindustrie an.

Im Rahmen dieses Buches hat Herr Dr. Matthias L. Wolfgruber, Mitglied des Vorstands der Altana AG und Vorstandsvorsitzender der Altana AG, das Unternehmen repräsentiert.

BASF (www.basf.de)

Die BASF ist der weltweit größte Chemiekonzern. Der Hauptsitz befindet sich in Ludwigshafen am Rhein. Mit ihren fünf Geschäftssegmenten Chemikalien, Kunststoffe, Veredlungsprodukte, Pflanzenschutz und Ernährung sowie Öl und Gas erzielte die BASF im Jahr 2005 einen Umsatz von 42,7 Milliarden Euro. Auf fünf Kontinenten arbeiten rund 81 000 Mitarbeiter für die BASF.

Im Rahmen dieses Buches haben Prof. Dr. Dieter Jahn, Senior Vice President und verantwortlich für University Relations and Research Planning, sowie Tomke Prey, Corporate Communications Innovations, das Unternehmen repräsentiert.

DIS (www.dis-ag.com)

Die DIS AG gehört zu den fünf größten Personaldienstleistern in Deutschland und ist Marktführer in der Überlassung und Vermittlung von Fach- und Führungskräften. Die DIS AG beschäftigt mehr als 8 000 Mitarbeiter und erzielte im Geschäftsjahr 2005 einen Umsatz von ca. 315 Millionen Euro.

Im Rahmen dieses Buches haben Andreas Dinges, Vorstandsvorsitzender, sowie Dr. Sylvia Knecht, Manager Public Relations, das Unternehmen repräsentiert.

Droege & Comp. (www.droege.de)

Mit nahezu 300 Mitarbeitern in Europa, Asien und Nordamerika gehört Droege & Comp. zu den Top-10-Management-Beratungen in Zentraleuropa. Droege & Comp. unterstützt seine Klienten bei Wachstums-, Effizienz- und Restrukturierungsprogrammen. »Nicht nur sagen, was zu tun ist, sondern auch zeigen wie es geht.« Gemäß dieser Devise erzielt Droege & Comp. für seine Klienten messbare, schnell wirksame Verbesserungen in GuV und Bilanz. Als Pionier der umsetzungsorientierten Beratung steht Droege & Comp. für einen anerkannt hohen Return-on-Consulting.

Dr. Frank Zurlino, Geschäftsführender Partner, ist Autor dieses Buches.

EnBW (www.enbw.com)

Die EnBW Energie Baden-Württemberg AG ist das drittgrößte deutsche Energieunternehmen. Die Kernaktivitäten konzentrieren sich auf die Geschäftsfelder Strom, Gas sowie Energie- und Umweltdienstleistungen. Mit derzeit rund 17 800 Mitarbeiterinnen und Mitarbeitern hat die EnBW 2005 einen Jahresumsatz von 10,8 Milliarden Euro erwirtschaftet.

Im Rahmen dieses Buches haben Jürgen Hogrefe, Generalbevollmächtigter der EnBW, und Dagmar Woyde-Köhler, Geschäftsführerin der EnBW Akademie GmbH, das Unternehmen repräsentiert.

Freudenberg (www.freudenberg.de)

Freudenberg ist ein Familienunternehmen, das seinen Kunden technisch anspruchsvolle und beratungsintensive Produkte und Dienstleistungen anbietet. Mit den Geschäftsbereichen Dichtungs- und Schwingungstechnik, Vliesstoffe, Haushaltsprodukte sowie Spezialitäten erzielte Freudenberg im Geschäftsjahr 2005 einen Umsatz von 4,8 Milliarden Euro. In 55 Ländern arbeiten rund 33 400 Mitarbeiter für Freudenberg.

Im Rahmen dieses Buches haben Dr. Thomas Barth, Geschäftsleiter der Freudenberg New Technologies KG, Dr. Toni S. Seethaler, Director der Freudenberg New Technologies KG, und Wolfgang Orians, Leiter der Unternehmenskommunikation bei der Freudenberg & Co. KG, das Unternehmen repräsentiert.

Frosta (www.frosta.de)

Frosta ist ein führender Hersteller von Tiefkühlkost. Die Schwerpunkte liegen insbesondere bei Fisch, Fertiggerichten und Gemüse. In 2005 hat Frosta einen mit 1 167 Mitarbeitern einen Gesamtumsatz von 269 Millionen Euro bei einem Ergebnis von 9,4 Millionen Euro erzielt. Als erste und einzige Tiefkühlmarke in Deutschland setzt Frosta ausschließlich natürlich Zutaten ein.

Im Rahmen dieses Buches hat Felix Ahlers, Vorstand Marketing und Vertrieb, das Unternehmen repräsentiert.

Glashütter Uhrenbetrieb (www.glashuette.de)

Glashütte Original ist weltweit eine der renommiertesten Luxusuhrenfirmen. Das Unternehmen beschäftigt zur Zeit 292 Mitarbeiter, die in Handarbeit komplizierte und einzigartige Manufakturwerke herstellen. Der Glashütter Uhrenbetrieb ist Teil der Swatch Group.

Im Rahmen dieses Buches hat Frank Müller, Geschäftsführer, das Unternehmen repräsentiert.

Keiper Recaro Group (www.keiper-recaro-group.com)

Die Keiper Recaro Group ist eine weltweit führende Unternehmensgruppe im Gebiet des mobilen Sitzens. Die Gruppe hat sich durch wegweisende Innovationen zu bevorzugten Partnern der Automobil- und Luftfahrtindustrie entwickelt. Mit den Sparten Keiper, Recaro und Recaro Aircraft Seating erwirtschaftet die Keiper Recaro Group mit 8047 Mitarbeitern einen Umsatz von ca. 1,15 Milliarden Euro.

Im Rahmen dieses Buches hat Dr. Manfred Egner, Vorsitzender der Geschäftsführung von Recaro Aircaft Seating und Mitglied der Geschäftsführung der Keiper Recaro Group, das Unternehmen repräsentiert.

Krombacher Brauerei (www.krombacher.de)

Die Krombacher Brauerei wurde 1803 gegründet. Mit einem Ausstoß von etwa 5,5 Millionen Hektolitern ist sie eine der größten Privatbrauereien in Deutschland. Im Geschäftsjahr 2005 konnte das Unternehmen einen Umsatz von 525,6 Millionen Euro erzielen.

Im Rahmen dieses Buches hat Hartmut Wunram, Leiter Innovationsmanagement, das Unternehmen repräsentiert.

Mercedes Car Group (www.daimlerchrysler.com)

Das Geschäftsfeld Mercedes Car Group des DaimlerChrysler-Konzerns umfasst die Automobilmarken Mercedes-Benz, Maybach, smart, Mercedes-Benz AMG sowie Mercedes-Benz McLaren. Im Geschäftsjahr 2005 hat die Mercedes Car Group etwa 1,2 Millionen Fahrzeuge abgesetzt und mit über 104000 Mitarbeitern einen Umsatz von ca. 50 Milliarden Euro erwirtschaftet. Die Gruppe beschäftigt 12000 Mitarbeiter in Forschung und Entwicklung mit einem Budget von 2,4 Milliarden Euro.

Im Rahmen dieses Buches hat Stephan Böttcher, Technology Strategy, Product Concepts, das Unternehmen repräsentiert.

Miele (www.miele.de)

Die Miele & Cie. KG ist ein deutscher Premiumhaushaltsgerätehersteller. Miele hat den Anspruch, weltweit die hochwertigsten Einbaugeräte herzustellen und auf allen Märkten der Welt als das absolute Spitzenprodukt für den Haushalt zu gelten. Miele beschäftigt weltweit über 15 000 Mitarbeiter und erwirtschaftete im Geschäftsjahr 2005/2006 einen Umsatz von 2,54 Milliarden Euro.

Im Rahmen dieses Buches hat Dr. Markus Miele, Mitglied der Geschäftführung, das Unternehmen repräsentiert.

Motorola (www.motorola.de)

Motorola ist ein international führendes Fortune-100-Kommunikationsunternehmen, das mit Seamless-Mobility-Produkten und -Lösungen nahtlose Mobilität über die Bereiche Breitband, eingebettete Systeme und drahtlose Netzwerke hinweg ermöglicht. Das Unternehmen beschäftigt mehr als 69 000 Mitarbeiter. Der Umsatz lag im Jahr 2005 weltweit bei 35,3 Milliarden Dollar.

Im Rahmen dieses Buches hat Norbert Quinkert, Vorsitzender der Geschäftsführung von Motorola Deutschland, das Unternehmen repräsentiert.

SAP (www.sap.com)

Die SAP AG ist drittgrößter unabhängiger Softwarelieferant der Welt. Das Portfolio der SAP umfasst Lösung zur Optimierung aller Geschäftsprozesse und ebnet damit den Weg zu einer reibungslosen, standort- und zeitunabhängigen Zusammenarbeit zwischen Kunden, Partnern und Mitarbeitern. Mit ca. 35 900 Mitarbeitern in mehr als 50 Ländern erzielte SAP im Geschäftsjahr 2005 einen Umsatz von 8,5 Milliarden Euro.

Im Rahmen dieses Buches hat Dr. Herbert Heitmann, Leiter Global Communications, das Unternehmen repräsentiert.

Siemens (www.siemens.de)

Die Siemens AG zählt zu den weltweit größten und traditionsreichsten Firmen der Elektrotechnik und Elektronik. In rund 190 Ländern unterstützt das Unternehmen seine Kunden mit innovativen Techniken und umfassendem Know-how. Der Konzern ist auf den Gebieten Information and Communications, Automation and Control, Power, Transportation, Medical und Lighting tätig und erwirtschaftete im Geschäftsjahr 2005 einen Umsatz von 75,4 Milliarden Euro. Siemens beschäftigt zur Zeit weltweit über 461.00 Mitarbeiter.

Im Rahmen dieses Buches haben Dr. Gisela Fuchs, Leitung Unternehmensprogramm Innovation, Dr. Stefan Jung, Corporate Technology Strategic Marketing, Robin Petersen, Projektleiter Innovation, Dr. Dieter Wegener, Corporate Technology Officer I&S, Dr. Babak Farrokhzad, Leitung Strategic Tasks/ Technology, und Herr Dr. Ulrich Eberl, Corporate Communications, das Unternehmen repräsentiert.

Qiagen (www.qiagen.com)

Das Unternehmen Qiagen ist ein weltweit führender Anbieter im Bereich der präanalytischen Probenvorbereitung und der molekularen Diagnostik. Qiagen erzielte im Jahr 2005 einen Umsatz von 398 Millionen Euro und beschäftigt zu Zeit mehr als 1700 Mitarbeiter. Das Produktangebot des Unternehmens umfasst Verbrauchsmaterialien und automatisierte Lösungen für die Handhabung, Trennung und Reinigung von Nukleinsäuren und Proteinen, sowie diagnostische Kits und Tests für die menschliche und tierärztliche Molekulardiagnostik.

Im Rahmen dieses Buches haben Dr. Joachim Schorr, Managing Director/Senior VP Global R&D, und Dr. Thomas Schweins, VP Marketing & Strategy, das Unternehmen repräsentiert.

Vaillant Group (www.vaillant.de)

Die Vaillant Group ist mit ca. 8 600 Mitarbeitern und einem Umsatz von 1,79 Milliarden Euro ein international aktiver Konzern im Bereich Heiz- und Klimatechnik und bietet maßgeschneiderte Lösungen für den Wohnkomfort. In 15 eigenen Produktions- und Forschungsstandorten sowie zwei Joint Ventures in sieben europäischen Ländern werden innovative Produkte und Dienstleistungen für die Herausforderungen der Zukunft entwickelt, produziert und in über 100 Staaten weltweit geliefert.

Im Rahmen dieses Buches haben Dr. Michel Brosset, Geschäftsführer, und Thomas Kupka, Director Brand Unit Vaillant, das Unternehmen repräsentiert.

Wilo Gruppe (www.wilo.de)

Die Wilo AG ist weltweit einer der führenden Hersteller von Pumpen und Pumpensystemen für die Heizungs-, Kälte- und Klimatechnik sowie die Wasserver- und Abwasserentsorgung. Das Leitmotiv des Unternehmens ist »Pumpen Intelligenz«. Wilo agiert in allen Weltmärkten. In 2005 hat Wilo mit 5 000 Mitarbeitern einen Umsatz von 750 Millionen Euro erzielt.

Im Rahmen dieses Buches hat Dr. Horst Elsner, Vorsitzender des Vorstandes, das Unternehmen repräsentiert.

Register